高 等 学 校 教 材

专 科 适 用

水轮发电机组的安装与检修

长春水利电力高等专科学校　于兰阶　主编

中国水利水电出版社
www.waterpub.com.cn

内 容 提 要

本书着重讲述水轮机、水轮发电机安装、检修的基本工艺和安装程序,对安装、检修的主要环节作了较详细地叙述;介绍了一些小型机组的安装调整方法;对水轮发电机组经常出现的故障、原因及处理方法作了简单介绍。

本书是为高等专科学校"水电站动力设备"专业编写的一本通用教材,理论和实际密切结合,重点突出,文字简练,除作为专科教材外,也可供给从事水轮机、水轮发电机安装、检修的工程技术人员和中等专业学校的师生参考。

高 等 学 校 教 材

专 科 适 用

水轮发电机组的安装与检修

长春水利电力高等专科学校　于兰阶　主编

*

中国水利水电出版社　出版、发行
（原水利电力出版社）

（北京市海淀区玉渊潭南路 1 号 D 座　100038）

网址：www.waterpub.com.cn

E - mail：sales@mwr.gov.cn

电话：(010) 68545888（营销中心）

北京科水图书销售有限公司

电话：(010) 68545874、63202643

全国各地新华书店和相关出版物销售网点经售

天津嘉恒印务有限公司印刷

*

184mm×260mm　16 开本　12.25 印张　279 千字
1995 年 9 月第 1 版　2024 年 7 月第 8 次印刷
印数 14021—15020 册
ISBN 978 - 7 - 80124 - 621 - 9
（原 ISBN 7 - 120 - 02186 - 9/TV · 862）
定价 39.00 元

前　言

　　本书是根据"1990—1995年高等学校水利水电类专业专科教材选题和编审出版规划"的规定，按高等专科学校"水电站动力设备"专业培养目标的要求，并注意到本专业安装和检修人员的实际需要而编写的。

　　本书的取材立足于国内实际，重点介绍了国内大、中型特别是混流式水轮机、悬吊式发电机的安装与检修的基本工艺和方法，同时也介绍了一些小型机组的安装方法。结合生产实际，增加了一些新的内容，并编有实际例题，以便培养读者分析问题和解决问题的能力。在各章后面均附有复习思考题，以利于帮助读者理解和消化各章节的内容。

　　全书共分七章。第二、三、四、五、七章由长春水利电力高等专科学校于兰阶编写；第一、六两章由长春水利电力高等专科学校付成山编写；全书由于兰阶统稿、主编，由武汉水利电力大学刘忠贤主审。

　　由于编者水平和实践经验有限，书中缺点错误在所难免，欢迎读者提出宝贵意见。

编　者

1994 年 5 月

目　　录

绪　　论

《水轮发电机组的安装与检修》是一门研究水轮机、水轮发电机安装工艺和修理工艺的专业课程。

水利资源的开发，水电站的设计、施工，水轮发电机组的设计、制造和安装，以及水电站的运行和经营管理等，所有这些，作为一个整体来看，要解决许多相互联系而又相互影响的比较复杂的科学技术问题，水轮发电机组的安装与检修是这个整体的不可缺少的部分。

水电站机电安装工作质量的好坏，直接影响水轮发电机组的长期、稳定和安全运行。

所谓使用长期性，是指机组应具有制造厂规定的使用寿命（一般在 30～40 年以上）。在运行中，这主要决定于零部件抗磨损和抗气蚀的性能。

所谓运行稳定性，是指机组在运行中的振动和摆度都在允许的范围之内。

所谓安全可靠性，是指机组在规定的使用期间内和规定的使用条件下，能够无故障地运行并发挥其应有的功能。

当然，以上这些要求除跟机组的设计、制造和运行管理有直接关系外，跟机组的安装质量好坏和运行中对机组的维护检修也有密切关系。

水轮机的单位载能效益低，跟同样功率的其他动力设备比较，水轮机的工作机构就需要有足够大的尺寸。为了保持其结构具有必要的强度和刚度，部件的重量必然要增加。例如 300MW 机组的水轮机转轮，其名义直径为 5500mm，最大直径为 6110mm，转轮的重量竟达 102t。SF300－48/1260 型水轮发电机定子直径为 14350mm，其转子重量达 650t。这就给水轮机转轮、发电机转子和定子等大型部件的整体制造和运输都带来了困难。为此，大型部件须采用分瓣、分件制造，待运到安装工地后再进行组装。所以，尺寸大，重量大，工艺复杂，技术条件要求严格，这是现代水轮发电机组安装工作的特点之一。

由于自然条件的差异和开发水电方式的不同，各种类型的水电站要求有不同型式的水轮发电机组，它们的安装方法和安装工艺都是有差别的。例如冲击式水轮机、混流式水轮机和转叶式水轮机这三者的结构不同，调节方式也不相同，转叶式水轮机双重调节的受油器操作油管的安装和转轮叶片操作机构的安装，比起混流式和冲击式水轮机的安装要复杂得多。斜流式水轮机和贯流式机组，由于其导轴承和推力轴承的结构型式不同，安装起来也比较复杂，这是水轮发电机组安装工作的特点之二。

安装过程中有大量的试验调整和计算工作，例如调速器的调整试验，各部件的焊接质量检查，水平、高程、中心、圆度、垂直度的测量调整，大型螺栓紧固力和伸长值的计算，轮辐烧嵌的温度计算，机组的轴线测量与调整，水轮机转轮的静平衡试验，机组投产前的调整试验，起动试运行和动平衡试验等项工作，理论性和技术性都很强，这是水轮发电机组安装工作的特点之三。

基于上述这些特点：

本教材第一章专门讲述了水轮发电机组安装的基本工艺。

第二、三、四章分别介绍了水轮机、水轮发电机、卧式机组的具体安装工艺。

第五章叙述了水轮发电机组投产前的起动试运行，这项工作是为了发现机组运行的前期故障。经验证明，机组前期故障处理得越彻底，对正式投产后正常运行越有利。

为了提高水轮发电机组运行的稳定性，消除其振动是一项重要措施。机组产生振动，除了由于其本身结构和性能方面的原因之外，往往是由于在安装工作中忽视了静、动平衡。第六章就是讨论机组的振动和平衡问题。

第七章也就是本教材的最后一章，简单地介绍了水轮机、水轮发电机一些主要零部件的修复方法和技术措施。

科学技术在不断地发展，水轮发电机组的安装和检修技术也在不断地提高，新方法、新工艺不断地被采用。在工程上如何吸取和引进国外的一些先进技术和工艺，是我们每位水电工作者应该引起足够重视的问题。

第一章　水轮发电机组安装的基本工艺

大型水轮发电机组，在制造厂虽然对某些零、部件进行过预组装，检查其加工质量及配合尺寸，但由于运输条件的限制，一般直径大于4m的部件都要分瓣运输，并在水电工地对机组的一些部件要重新组装，所以水电站工地的机电安装工作是典型的制造厂装配工艺。甚至有些工艺过程在制造厂是不可能进行的，其工作量之大，工艺之复杂，往往都超过了制造厂内的装配范围。所以水电站的机电设备安装是机组投入运转之前的一项关键性工作，安装质量的好坏，直接关系到将来水电站的安全经济运行。因此，采用先进合理的安装工艺和正确的操作方法，对保证安装质量和机组的使用年限（寿命）有着重要的意义。

尽管机组的尺寸、型式各不相同，但基本安装工艺可大体上归纳为几个主要方面。下面分别介绍。

第一节　部件组合装配

为了把水轮发电机组的各零件按一定的技术要求组合起来，确保机组正常可靠地投入运转发电，在安装工地上，水轮发电机组的组合装配主要是钳工修配与连接组合。

一、钳工修配

钳工修配包括手工凿削、锉削、锯割、钻铰孔、攻套丝、刮削和研磨等。

1. 手工凿削和锉削

手工凿削和锉削是为了使零部件表面间的接触良好或机件之间的相对位置正确，一般适用于精度要求较低的以及加工量较大的场合。如水轮机导水机构导叶的上、下端面和立面间隙的调整等。

2. 钻铰销钉孔配制销钉

在水轮发电机组安装中，所有参加预装定好位的机件，都需要钻铰销钉孔配制销钉，以固定已经调整好了的机件的相对位置。如水轮机的下部固定止漏环、底环、顶盖、导轴承（指橡胶瓦轴承或筒式瓦轴承），发电机的下机架、定子、上机架等。

销钉除了用来定位，以保证机件之间的相对位置正确外，当使用紧固连接螺栓只承受拉力时，则切向力由销钉承受，如发电机转子轮毂与轮臂组合缝间的垂直销钉就起这个作用，这样可以提高连接的可靠性。

3. 配合表面的刮削和研磨

为了改善配合表面的接触情况，使配合表面接触均匀严密，提高零件表面光洁度、形状精度和配合精度，对一些配合件的表面，如轴瓦、镜板等都要进行刮削和研磨工作。刮削主要是手工操作，可达到相当高的精度和光洁度，但手工刮削劳动量很大，所以其加工量应尽量小，一般在0.05～0.10mm范围内。

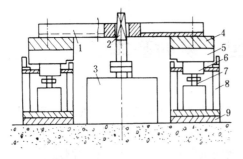

图 1-1 推力瓦研磨布置图

1—旋转臂；2—方锥形轴头；3—研磨机；
4—镜板；5—推力瓦；6—托盘；7—支
柱螺栓；8—推力轴承座；9—木板

（1）推力瓦的研刮：推力瓦刮削时，应通过研磨显出高点，根据高点的大小进行刮削。推力瓦粗刮时，一般采用特制的小平台或镜板背面研瓦；精刮时用镜板正面在研磨机上进行，如图 1-1 所示。先把轴承座置于事先放好的木板上，在呈三角形方位的支柱螺栓上放好三块推力瓦，用无水酒精把三块瓦面和镜板光洁面擦干净后，将镜板面朝下吊放在推力瓦上，调整镜板水平在 0.1～0.3mm/m 以内，然后通过螺栓把镜板与旋转臂（可用一长条槽钢做成）连接为一体。为了便于工作，从地面到瓦面的高度应适当，一般以 600～800mm 为宜。

上述工作结束后，即可对推力瓦进行研磨。用研磨机带动镜板按机组旋转方向转 2～4 圈，速度一般在 2～6r/min 范围内（镜板直径大时取小值）。然后用起重设备吊开镜板或用特制的抽瓦台车抽出推力瓦，放在特制的平台上，就可以进行推力瓦的刮削工作了。

对于推力瓦刮削时，首先是粗刮，一般采用宽形平板刮刀大面积的把高点刮掉，经过几次研刮之后，瓦面呈现均匀而光滑的接触状态，接着就可以进行精刮。精刮时，按接触情况用弹簧刮刀挨次的进行刮削，刀痕要清晰，前后两次刮削的花纹应大致垂直。每次刮削时应把最大最亮的点全部刮掉，中等接触点挑开，小点暂时不刮，这样会使大点分成多个小点，小点变成大点，无点出现小点。一般要求瓦面接触点 1～3 点/cm²。当接触点达到要求之后，可对照图纸修刮进油边，非进油边刮出倒角，如图 1-2（b）所示。

当三块推力瓦或一块推力瓦研刮合格之后，随即换上未刮的推力瓦继续进行上述工作，直至刮完所有的推力瓦为止。对镜板与推力瓦摩擦的表面，其粗糙度要求在 $\overset{0.2}{\triangledown}$ ～ $\overset{0.1}{\triangledown}$ 以上。

经过机组盘车之后，再次抽出推力瓦，检查瓦面接触情况，进行修刮。并以支柱螺栓中心为中心线，将推力瓦中心刮低两遍，第一遍刮瓦宽的 1/2，先刮低 0.01～0.02mm，第二遍刮瓦宽的 1/4，再刮低 0.01～0.02mm，如图 1-2（a）所示。前后两次的刀花应互相垂直。刮低的目的是为了减少瓦在运行时产生的热变形（图 1-3）和机械变形（图 1-4）而引起的瓦面凸起。

对于薄形推力瓦，中心部分可以不必刮低，但薄瓦背面与托瓦接触应均匀，无间隙。为此在刮瓦前，

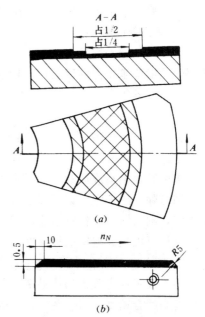

图 1-2 推力瓦面刮低示图

（a）瓦面刮低部位；（b）刮削进油边

首先研磨薄瓦和托瓦之间的接触面，其接触面积要大于70%。

（2）导轴瓦的研刮；导轴瓦的研刮工作，一般是在主轴竖立之前水平放置的时候进行。研磨前，将主轴轴颈清理干净，在轴颈上绕上4～5圈麻绳（也可加铝箍）作为导向用，如图1-5所示。用酒精或苯再次清洗轴颈和轴瓦，然后把瓦扣在轴颈上，往复研磨6～12次，再将轴瓦放在刮瓦架上，按推力瓦的方法刮削，直至合格为止。

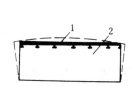 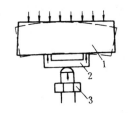 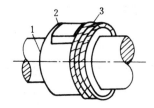

图1-3 推力瓦的热变形　　　　图1-4 推力瓦的机械变形　　　　图1-5 导轴瓦研刮
1—巴氏合金层；2—钢瓦坯　　1—推力瓦；2—托盘；3—支柱螺栓　　1—轴颈；2—导轴瓦；3—软质绳箍

对于筒式导轴瓦，其接触点应有1～2点/cm²。检查油孔油沟应无脏物阻塞。随着轴瓦加工精度的提高，目前多数安装单位倾向于筒式导轴瓦不研刮。如葛洲坝二江电站125MW机组的分块式水导瓦都没有进行研刮，实践证明，运行情况良好。

导轴瓦研刮合格后，轴颈表面涂油并用白布或塑料布缠绕保护。瓦面上均匀地涂一层纯净的凡士林油，用白纸贴盖或装箱保护。

（3）镜板的研磨：研磨可达到最高的加工精度。通常采用化学研磨法，也有时用机械研磨法。

化学研磨是由于涂在加工表面的研磨剂中有酸的作用，使其被研表面产生一层很软的氧化金属薄层，然后借助于磨具的运动除去这层氧化膜的加工方法。

机械研磨是利用悬浮在液体中的研磨料对磨具和被研件表面进行研磨。磨料的晶粒有很高的硬度，通过晶粒锐边的切削作用而达到研磨的目的。

镜板的研磨是在研磨机（图1-1）上进行的。把镜板镜面朝上放在推力轴承座上，用纯苯或无水酒精清洗镜面，用绸布擦干，并涂上研磨剂。把两个长条形外包有法兰呢的研磨平台放在镜板上，将其用螺丝与旋转臂连接。通过下面的电动机使旋转臂带着两块磨具顺机组回转方向转动，转速控制在6～7r/min。由专人照料研磨工作，直到研磨光亮为止。

磨光后的镜板表面涂以猪油或其他不含水分无酸碱的油脂，用描图纸盖上，再盖上毛毡，镜面朝上，水平放置。

二、连接组合

在水轮发电机组安装中，过盈配合与螺栓连接在零部件装配中经常遇到。现介绍如下：

1. 过盈配合连接

实现过盈配合连接有两种方法，当零部件不很大时，将轴件在冷态下用千斤顶或油压机压入，也可用其他工具（如大锤等）敲打入轴孔中；当连接件的尺寸很大而且需要很大的压力时，上述的连接方法就行不通了，在这种情况下则采用热套法。

热套法是将配合的轴孔加热，使孔径膨胀，然后将轴件装入，以待轴孔冷却后，在相连接的机件之间形成相当紧的连接，它和压入法相比较具有以下优点：

（1）不需要施加压力就能套入。

（2）在装配中接触表面上的凸出点不被轴向摩擦所磨平，从而大大地提高了连接强度。

热套法在水轮发电机组安装中主要用于分瓣转轮的轮箍、发电机转子主轴与轮毂的热套中。

热套的加热方法，目前多采用铁损加热和电炉加热。其中铁损加热具有受热均匀，温度容易控制，操作方便，能满足防火要求等优点。

铁损加热法就是在被加热件上绕以激磁绕组，通入工频交流电激磁加热，用篷布覆盖保温，加热温度高于80℃，则需用特制的保温箱保温。发电机转子装配中的轮毂烧嵌多采用此种加热法。

白山水电站2号机是采用远红外线加热片来加热轮毂的，速度快，效果好。

目前有的还采用液态氮将轴件冷却（达－200℃），使轴颈缩小，然后装入轴孔，以待轴件升到正常室温时，在机件之间形成强度较大的连接。此种方法用于较小零件的连接。

2. 螺栓连接

螺栓连接在水轮发电机组安装中应用很广泛。为了确保螺栓连接的可靠性，螺栓的紧力要符合要求。紧力过小不能保证连接的紧密和牢固；紧力过大又可能引起螺栓本身塑性变形，在工作中使螺栓损坏。一般要求螺栓的紧力不能超过螺栓材料的弹性极限，并有一定的安全余量。

在拧紧螺栓过程中要特别注意，同一接合面各螺栓的紧力必须要一致，并要依次对称均匀拧紧，以免机件歪斜和螺栓承受紧力不均匀。

在水轮发电机组安装工作中，水轮机轴与转轮、发电机转子主轴与转子轮毂、水轮机主轴与发电机主轴等这些部件的连接，其螺栓紧力都有具体要求，所以在连接拧紧过程中都要进行螺栓伸长值的测定。

（1）螺栓伸长值计算：目前多数情况下各螺栓的伸长值均由制造厂给出。如制造厂没有给出时，可根据虎克定律——应力和应变成正比的关系，计算螺栓伸长值，其公式如下：

$$\Delta l = \frac{[\sigma]L}{E} \qquad (1-1)$$

式中　　Δl——计算的螺栓伸长值，mm；

　　　　L——螺栓的长度，从螺母高度的一半算起，mm；

　　　　$[\sigma]$——螺栓许用拉应力，一般采用 $[\sigma]=120\sim140$MPa；

　　　　E——螺栓材料弹性系数，一般 $E=2.1\times10^5$MPa。

（2）螺栓伸长值测量：测量螺栓的伸长值，通常用百分表和测伸长工具进行。一般主轴连接螺栓都是中空的，孔的两端带有一段螺纹。在拧紧螺母之前，应先在此孔中拧上测杆，用专用百分表架和百分表测杆上端头到螺栓端面以下的深度，如图1-6所示，按编号做好记录。在螺母逐步拧紧过程中，螺栓被拉伸，而测杆并没有伸长，再次用百分表测量杆端深度。把两次测量的记录值相减即得螺栓伸长值。边拧紧，边测量，直至伸长值达到制造厂给定值或计算值时为止，则认为螺栓紧力合格。

在测量中，接触面要清洁，每次测量时百分表架的位置要一致，以免影响测量的准确性。测螺栓伸长也可以用深度千分尺来代替百分表。

采用转角的方法也可以计算螺栓的伸长值。由于螺母转 360°时，要升高或降低一个螺距 S（mm），若使螺栓伸长 Δl（mm），则螺母转动的角度为 α，其关系式子如下

$$\alpha = \frac{\Delta l \times 360°}{S} \qquad (1-2)$$

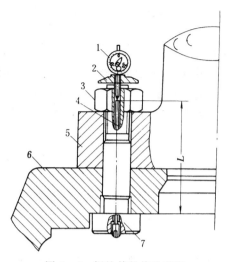

图 1-6　螺栓伸长值的测定
1—百分表；2—百分表架；3—螺母；
4—测量杆；5—大轴法兰；6—转轮上冠法兰；
7—主轴连接螺栓

用转角方法要特别注意螺母起始位置，使所有螺栓在受力之后刚开始伸长，然后再使各螺母按要求转相同的角度，达到紧力均匀一致的要求。

（3）螺栓的拧紧方法：拧紧螺栓的方法，通常用专用扳手由大锤或游锤锤击拧紧。

为了减轻劳动强度，提高生产率，在工程上对一般螺栓采用风动扳手和电动扳手来拧紧。对大型螺栓，则用桥机来拉紧螺栓，示意图如图 1-7 所示；或用液压螺栓拉伸器拉伸螺栓，随后旋紧螺母，如图 1-8 所示，以达到紧固的目的。

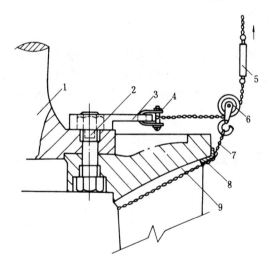

图 1-7　用桥机拉紧螺栓示意图
1—主轴；2—连接螺栓；3—扳手；4—卡扣；5—测力计；
6—导向滑轮；7—钢丝绳；8—垫板（木板或铝板）；9—转轮

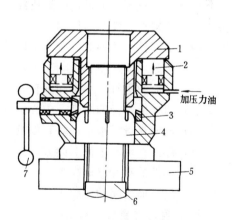

图 1-8　液压螺栓拉伸器
1—拉伸套；2—活塞；3—螺母驱动齿轮；
4—螺母；5—法兰；6—螺栓；7—手把

对于非销钉螺栓，可以把螺栓加热伸长，然后很快地把螺母拧到一定位置，当螺栓冷缩之后就产生了预紧力。

螺栓加热，有中心孔的用专用的电阻加热器加热。加热前测每个螺栓的长度，加热 15min 后拧紧螺栓，待冷却后测螺栓的伸长，反复 2～3 次进行加热测量，直至伸长值达到要求为止。

对无中心孔的螺栓，可用电炉加热到所要求的温度，然后插入螺栓孔中进行连接。

对直径小于 50mm 的螺栓，中心无通孔时可不进行伸长值的测量，用手锤轻轻敲击，听声音判断各螺栓的松紧或紧力的均匀程度。

第二节　安装中的基本测量

在安装现场，水电站机电设备的校正调整和安装测量的基本方法以及使用的测量仪器大体上是一样的。机件校正调整工作进行的粗细程度，采用的测量方法是否正确合理，以及仪器精度的高低等，都直接影响水轮发电机组的安装质量和进度。为此，必须对这些工作给予足够的重视，以免在安装过程中出现返工，拖延机组安装工期，不能预期投入运转发电。

一、校正调整工作

校正调整工作就是检查与调整零件或部件的几何尺寸，相对位置以及整个机组的位置，使之满足图纸上的技术质量要求。校正调整工作主要包括：

（1）对于校正调整的机件，必须确定校正调整项目；

（2）合理规定安装的质量标准（即安装允许的偏差）；

（3）对于每一机件的校正调整项目，必须确定正确的基准。

下面把上述三项校正调整内容分别加以说明。

1. 机件的校正调整项目

机件的校正调整项目，必须按照机电设备的结构和技术要求决定。在现场进行校正调整时，常常根据零件和部件的平面、旋转面、轴、中心以及其他几何元素，检查它们的位置，特别是部件之间相对位置的正确性，在工程上经常遇到的各种部件的校正调整项目，主要可归纳为以下六项：

（1）平面的平直、水平和垂直。

（2）圆柱面本身的圆度、中心位置以及相互之间的同心度。

（3）轴的光滑、水平、垂直以及中心位置。

（4）部件在水平平面上的方位。

（5）部件的高程（标高）。

（6）面与面之间的间隙等。

2. 合理的安装质量标准

确定机电设备安装的允许偏差，必须考虑到机组运转的可靠性和安装工作简单这两个方面。假如安装允许偏差规定得过小，则校正调整工作复杂，延长校正调整时间；要将安装允许偏差规定得过大，又会降低机组的安装精度和运转的安全可靠性，直接影响正常发电。

为了保证安装质量，使安装质量标准有章可循，国家颁布了《水轮发电机组安装技术规范》（GB 8564—88）国家标准。在制造厂没提出特殊的质量要求时，要严格按《规范》办事。

3. 安装基准

安装基准是在安装过程中，用来确定其他有关零件或部件位置的一些特定的几何元素（点、线、面）。

安装基准有两种：①在安装件上的基准，它代表安装件的安装位置，安装件上其他部分都以它为准，这种基准称为工艺基准；②用来校正安装件和给安装件定位的基准，这种基准本身不在安装件上，称为校核基准。

在电站厂房中，由上建单位给定的中心线基准点和高程基准点，作为水轮发电机组安装的原始基准。基础中心 X、Y 轴线的方位，决定着整个水轮发电机组各零部件的位置。基础中心以 X、Y 轴线拉线的形式给出的；高程基准点则标在埋设在厂房混凝土墙壁上的铁件上。

在安装工程上，把确定其他有关机件位置的机件，称为安装基准件。安装基准件上应该有一个以上的校核基准。基准件的安装精度对其他零部件的安装精度有决定性的影响，因为机件的实际总偏差是由基准件的安装偏差和机件本身的安装偏差累积起来的。

对于竖轴混流式水轮机和水轮发电机来说，座环是安装基准件；对于竖轴轴流式水轮机和水轮发电机来说，转轮室是安装基准件。

基准件安装的水平、中心、高程以及它对 X、Y 轴线的方位，对整个机组其他各零部件的位置有着决定性的影响。

对安装基准件必须正确地选择，才能保证机件相对安装位置的正确性。通常它具有如下特点：

（1）安装基准件应提前安装。

（2）安装基准件与其他零部件的相对位置有着重要的联系，其基准面必须是精加工面。

（3）安装基准件的允许偏差必须限制在尽量小的范围内。

二、基本测量方法

在水电站机电设备安装过程中，需要应用一些精度较高的测量工具进行基本测量，其中主要有平尺、塞尺、塞规、卡尺、千分尺（内径千分尺和外径千分尺）、百分表、水平仪、水准仪等，以便准确地度量各零部件的外形尺寸和相对位置。另外由于大、中型水轮发电机组各大部件的结构尺寸要求以及在安装测量过程中的特殊需要，除了一般通用工具外，还需要根据具体情况在安装工地自制一些特殊的专用工具，以配合上述通用工具的使用，如求心器、中心架、水平梁、测圆架等。

下面分五个方面介绍一些基本的测量方法：

1. 平面的平直度测量

把标准平面（或平尺）置于被测量的平面上，其接触情况，即为该平面的平直度。

平面的平直度测量方法有：

（1）在被测量的平面上涂一层很薄的显示剂（如红丹、石墨粉），将此平面与标准平面互相接触，并使两者往复相对移动数次，这时被测量平面上的高点可显现出来。根据接触点的多少，可知平面的平直程度。如推力瓦、主轴法兰面的研磨等，都是用的这种方法。

（2）使用平尺和塞尺检查平面的平直度。把平尺置于被测量的平面上，然后用塞尺检查平尺与平面之间的间隙。如发电机的磁极背面和挂磁极的磁轭侧面，就是用这种方法进行测量。

2. 平面的水平测量

对于机件的水平，一般可用胶皮管水平器、水平尺、方形水平仪和水准仪等进行测量，这里只介绍用胶皮管水平器和方形水平仪测量水平的方法。

（1）用胶皮管水平器测量水平：胶皮管水平器是运用连通管两端水面为水平的原理做成的，用两根长度约200mm、直径10～20mm、上面刻有刻度的玻璃管与一根套在玻璃管外面的胶皮管组成。胶皮管的长度按两相应测点的距离而定，一般取长度等于两相应测点距离的1.5倍。使用时，先在连通管内灌水，使水面升到两玻璃管的1/2处，然后分别上下移动玻璃管多次，以排除管内空气。

测量时，先使两端水面位于玻璃管中部，再把两玻璃管的相同刻度分别靠在要测平面的两个测点上，若管内水面的读数相等，则说明两被测点在同一水平面上。否则两玻璃管上的读数差，即为两被测点的高程差，也就是水平误差。此时，应上下调整被测部件，使之达到水平。

此种方法测量误差较大，在安装过程中只用于对水平要求不高的部件，如蜗壳安装时就用这种方法测量蜗壳节的水平。

（2）用方形水平仪测量水平：方形水平仪是由一金属方框架、主水准器和与主水准垂直的辅助水准器组成，如图1-9所示。方框架的四边互相垂直，每边长200mm（也有比200mm长的），其底面和某一侧面开有直角形的槽，以便于在圆柱面上测量垂直或水平。主水准和辅助水准是两个封闭的玻璃管，管内装有易流动的液体乙醚。制成后管内有一气泡。玻璃管纵剖面的内表面为一具有一定半径的圆弧面，如图1-10（a）所示，圆弧面中心点 S 称为水准器的零点。过零点与圆弧面相切的切线 H-H 称为水准器的水准轴线。根据气泡在管内占有最高位置的特点，过气泡顶点所作的切线必为水平线。当气泡中心位于水准器的零点时（称为气泡居中），则水准轴线就处于水平位置了。方形水平仪

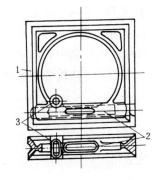

图1-9　方形水平仪

1—方框架；2—主水准器；3—辅助水准器

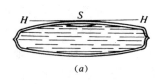

(a)

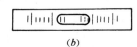

(b)

图1-10　主水准器玻璃管纵剖面
及分划线示意图

(a) 玻璃管纵剖面；(b) 分划线示意图

就是根据方框架的底面与水准轴线相平行的原理制成的。以零点为对称向两侧刻有分划线，两分划线的间距（即1格）为2mm，如图1－10（b）所示。由于制造精度不同，方形水平仪又分为许多种规格，常用的方形水平仪精度为1格＝0.02～0.05mm/m。

当测量较大部件两相应点的水平时，由于方形水平仪的长度不能满足，通常用特制的水平梁与方形水平仪配合使用。水平梁一般用8～12kg/m的钢轨或工字钢制成，如图1－11所示。要求平直光滑，保证有足够的刚度，其长度应根据被测表面两相应点的距离来确定。梁的一端有一个支点，另一端有两个支点，支点是用螺母焊在梁下方，螺母内各旋上一个小螺栓，拧动螺栓可调整水平梁一端的高低。在梁的中部焊上一块长方形铁板，便于放置方形水平仪。

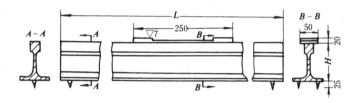

图1－11　水平梁

用方形水平仪进行水平测量时，为消除仪器本身的误差，在同一测量位置上要调头测量两次。根据测得的数值，用公式（1－3）即可求出部件的水平误差调整量为

$$\delta = \frac{A_1 + A_2}{2} CD \tag{1-3}$$

式中　δ——水平误差，mm；

A_1——第一次测定时方形水平仪内气泡移动的格数；

A_2——第二次调头测定时方形水平仪内气泡移动的格数，与第一次移动方向相同取正值，相反取负值；

C——方形水平仪的精度（常用水平仪的精度，1格＝0.02～0.04mm/m）；

D——部件两测点的直径或长度，m。

根据δ值的大小来调整安装部件的水平。

为什么采用调头测量的方法，就能消除测量仪器本身的误差？通过下面的例子来说明这个问题。

假设被测部件是水平的，水平仪本身误差可使气泡在第一次测量时向右移动1格，第二次调头测量时向左移动1格，如图1－12所示，故$A_1=1$、$A_2=-1$。把两个读数代入式（1－3）中进行计算得

$$\delta = \frac{1 + (-1)}{2} CD = 0$$

与假设相符。

假设被测部件右侧高，水平仪放在上面后能使气泡向右移动2格，水平仪本身误差可使气泡移动1格，如图1－13所示。

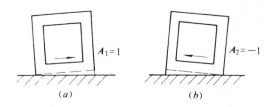

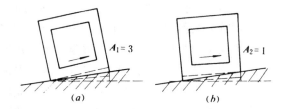

图 1-12 被测部件水平、仪器本身有误差示意图
(a) 调头前测量；(b) 调头后测量

图 1-13 被测部件、仪器本身均有误差示意图
(a) 调头前测量；(b) 调头后测量

这时测得的 $A_1=3$，$A_2=1$。同样，把这两个读数代入式（1-3）中得

$$\delta = \frac{3+1}{2}CD = 2CD$$

与假设也相符

从上面例举的两个例子中不难看出，水平仪本身的误差，在采用调头测量中是会自动消除的，不影响对部件的测量精度，这就是所以采用调头测量法的原因所在。当与水平梁配合使用时，水平梁与水平仪一起调头。

目前，大部件的水平多半由测量单位用水准仪和标尺来进行测量。

3. 部件高程的测量

为了确定部件的安装高程，总是先确定所求点与已知点（基准点）的高程差，而后推算出所求点（安装件上）的高程。这项工作可用水准仪和标尺来完成。

水准仪是一种能精确给出水平视线的仪器。水准仪的构造主要由望远镜、水准器和基座三部分组成。如图 1-14 所示，就是我国生产的 S_3 型微倾式水准仪的外形图。

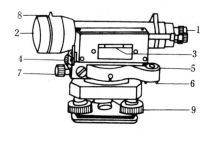

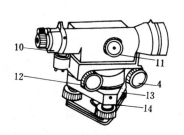

图 1-14 S_3 型微倾式水准仪的外形图
1—目镜；2—物镜；3—符合水准管；4—微动螺旋；5—圆水准器；6—圆水准器校正螺旋；7—制动螺栓；
8—准星；9—脚螺旋；10—十字丝；11—物镜对光螺旋；12—微倾螺旋；13—轴座；14—连接板

望远镜由目镜、物镜、十字丝三个主要部分组成。它的主要作用是能提供一条照准读数的视线和使人们能清晰地看清远处的目标。图 1-15 是 S_3 型微倾式水准仪望远镜的实际构造略图。调节目镜对光螺旋，可使我们看清十字丝；调节物镜对光螺旋，能使物像清晰地反映到十字丝的平面上。十字丝的中央交点和物镜光心的连线叫视准轴（也叫视线）。

水准器有两种，一种叫符合水准管，一种叫圆水准器。利用水准器可以把仪器上某些轴线安置到水平或铅垂位置。通过目镜旁的观察孔，能看到由符合棱镜组 [图 1-16

（a）］把水准管［图1-10（a）］中的气泡折射而成两个半圆边气泡的影像。调节微倾螺旋使两个半圆气泡符合，此时称为气泡居中，如图1-16（c）所示，从而使视准轴水平。

圆水准器的顶面内壁是一个球面，球面中心有一圆圈，圆圈的中点叫圆水准器的零点，通过零点的球面法线称之为圆水准器的轴线。当气泡居中时，其轴线就处于铅垂位置。

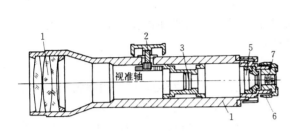

图1-15　S$_3$型望远镜实际构造略图

1—物镜；2—物镜对光螺旋；3—对光凹透镜；4—镜筒；

5—十字丝；6—目镜对光螺旋；7—目镜

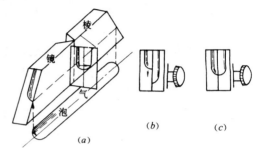

图1-16　棱镜组与气泡影像

（a）棱镜组与符合水准管；

（b）气泡不居中；（c）气泡居中

基座主要由轴座、脚螺旋、连接板组成。通过它可以把仪器和三脚架连接起来。调节脚螺旋能使圆水准器中的气泡居中。

因为水准仪是根据视准轴与水准轴线相互平行的原理制成的，所以在使用前，均应进行检验和校正。

用水准仪测量部件高程的方法，是把三脚架安置在已知点和所求点附近的适当位置上，如图1-17所示，然后将经过检验和校正好的水准仪固定在三脚架上。

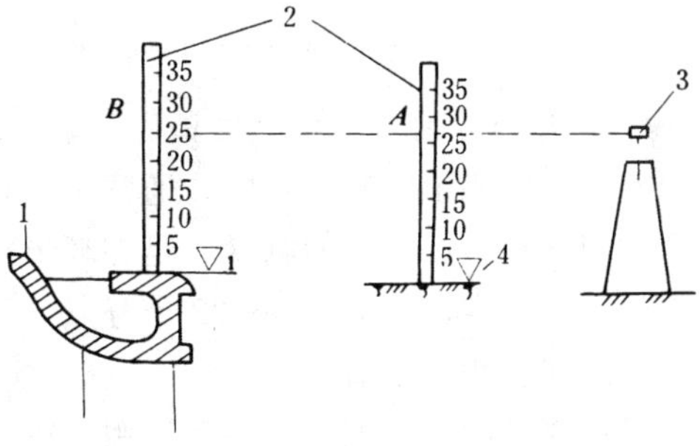

测量的基本程序是：

（1）调节脚螺旋，使圆水准器中的气泡居中。

（2）松开制动螺旋，用望远镜照准已知高程基准点上所立的标尺。

（3）调节微动螺旋，使十字丝照准该标尺。

（4）调节物镜对光螺旋，消除视差。

（5）调节微倾螺旋，使符合水准气泡居中（气泡两端符合成为一个圆弧），则水准轴线 $H-H$［图1-10（a）］与水平线重合。又因视准轴平行于水准轴线，所以视准轴水平。

图1-17　高程测量

1—座环；2—标尺；3—水准仪；4—高程基准点

（6）气泡居中后，用十字丝内的中丝迅速而准确地在标尺上读出读数 A。

（7）在被测部件顶面立标尺，转动镜筒，使望远镜照准该尺，在圆水准和符合水准的气泡都居中时读出标尺上的读数 B。

根据下面公式，可求出部件顶部高程

$$\nabla_1 = \nabla + A - B \qquad\qquad (1-4)$$

式中 $\bigtriangledown_1$——被测部件的实际高程，m；

$\qquad\bigtriangledown$——高程基准点的海拔高程，m；

$\qquad A$——高程基准点上标尺读数，m；

$\qquad B$——被测部件上标尺读数，m。

若被测部件的设计高程为 $\bigtriangledown_2$，则实际安装偏差为

$$\pm\bigtriangledown'=\bigtriangledown_2-\bigtriangledown_1 \qquad(1-5)$$

当安装偏差 $\bigtriangledown'$ 为正值时，说明部件安装低了；反之，说明部件安装高了。可根据安装偏差 $\bigtriangledown'$ 值来上下调整安装件，使其符合设计高程。

4. 外圆柱面的圆度测量

在安装前或装配中，需要检查转轮止漏环和发电机转子的圆度，可采用测圆架配合百分表测量，如图 1-18 所示。

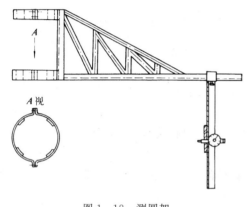

图 1-18　测圆架

测圆架是用角钢焊接的结构件，支架与轴之间垫有铜或铝板制成的摩擦片。此外还有滚轮支承在被测部件的端面，做为轴向支承。在支架的垂直臂上装有百分表，其测杆与被测圆柱面相接触，当支架绕轴旋转时，从百分表上所读出的数值就反映出被测表面的圆度。

为了保证测量的精度，应避免支架的窜动，在摩擦片上涂黄油润滑，并卡紧在轴上。滚轮的支承面应平整无毛刺，使测圆架能绕轴平稳地转动。

5. 环形部件圆度和中心位置的测量

水轮发电机组安装过程中，通常不进行大尺寸绝对值的精确测量。所以，对大尺寸环形部件圆度和中心位置的测量，是在环形部件内，沿着同一圆周取若干等分点（根据被测部件的尺寸决定，一般取 8~32 个分点）。以这些分点为测点，测量各测点至基准中心线各半径之间的相对差值。

环形部件中心的测量，一般采用与机组垂直中心线重合的钢琴线作为基准，利用内径千分尺进行测量。为了悬挂和调整钢琴线与基准中心线相重合，常需中心架和求心器（图 1-19）配合使用。

中心架是用槽钢或角钢焊制的，其长度可根据支点的跨距确定。要保证整个中心架有足够的刚度。在中心架的中间设有螺栓孔，用以固定求心器。

确定中心用的钢琴线绕在求心器的卷筒上，钢琴线的一端拴在卷筒轮缘的小孔上，另一端通过求心器底板的圆孔垂下。在求心器上对称方向有四个中心调节螺杆，可用它调节卷筒的位置，使钢琴线与基准中心线一致。钢琴线垂下的一端袭有一个 8~16kg 的重锤。用于拉直钢琴线。重锤置于一个盛有浓度较大的油桶中，且四周和下部与桶壁均留有适当的间隙，使重锤在桶中处于自由悬吊状态。油桶放在事先搭好的工作平台上，如图 2-18 所示。

测量时，可按图 2-18 布置，测定环形部件的圆度和中心位置。用绝缘良好的软导线，上端接在求心器上，下端接在环形部件上，中间串联 6~12V 的干电池和耳机子。再用内径千分尺把环形部件和钢琴线之间接成电气回路，根据声音可判别内径千分尺是否与钢琴线接触。

如图 2-18 所示是以座环的第二搪口为基准先找正钢琴线。需根据座环上 X、Y 轴线上的四个测点，用内径千分尺测量，通过求心器把垂直钢琴线调至座环第二搪口的几何中心上，以这根钢琴线为基准，进行座环圆度和其他环形部件如下部固定止漏环中心位置的测定。

垂直钢琴线调到中心位置后，以它为基准，一边调整内径千分尺的长度，一边沿着钢琴线上下左右划圆，根据声音调整内径千分尺的长短，直至划圆圈逐渐缩小为一点，并且内径千分

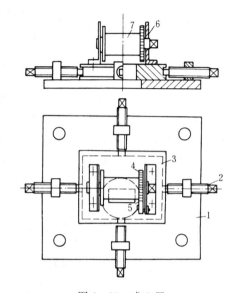

图 1-19 求心器

1—底板；2—中心调节螺杆；3—中心滑板；4—棘轮；
5—棘轮爪；6—支承；7—钢琴线卷筒

尺测头刚好和钢琴线接触，耳机子里的声音十分微小，表明测杆与钢琴线是垂直的。千分尺上的读数即为测点距钢琴线的相对值。用同样的方法测量对称点，反复进行比较和调整，最后固定钢琴线的位置并以此调整其圆度。

埋设部件安装固定浇注混凝土之后，再进行其他环形部件预装或安装时，每装一个部件，都要挂一次垂直钢琴线，调一次钢琴线的中心。这些重复工作，不但浪费时间，还增加了累计误差。某电站采用的固定中心浮筒装置，可以避免上述不足。

这种装置主要由倒垂线浮筒装置（图 1-20）和固定中心装置（图 1-21）组成。固定中心装置在机组环形部件全部安装完之前是固定不动的。每装完一个环形部件，只需把上部的浮筒和支架拆除，当装下一个环形部件时，再把浮筒装置放在被调部件上，连好钢琴线，即可使用。钢琴线的垂直是靠浮筒在水桶内浮动自行找垂直的，自调过程不超过 20s。

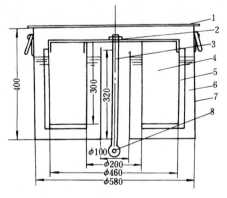

图 1-20 倒垂线浮筒装置

1—有机玻璃罩；2—M12 螺母；3—挂线杆；4—浮筒；
5—阻尼翼；6—水；7—固定筒；8—穿线孔

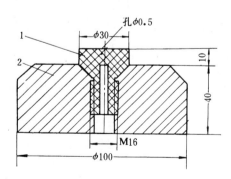

图 1-21 固定中心装置

1—绝缘螺丝；2—固定螺母

由于这种装置基准中心固定，每次挂线后不必重测，减少了烦琐的重复调整工作，又可避免产生累计误差，可以提高安装精度，缩短安装工期，是值得推广的好方法。

复 习 思 考 题

1. 怎样进行推力瓦的刮研？有哪些技术要求？

2. 怎样研刮导轴瓦，有哪些技术要求？

3. 研磨方法有几种，分别叙述之。

4. 怎样进行镜板的研磨（抛光）工作？

5. 实现过盈配合连接有哪几种方法？热套法的优点是什么？

6. 螺栓伸长值的计算公式，各代表符号的意义？怎样进行螺栓伸长值的测量？

7. 机件安装中的校正调整项目，通常可归纳为哪六种？

8. 什么叫安装基准、工艺基准和校核基准？

9. 什么叫安装基准件？竖轴混流和轴流机组的安装基准件各是什么？

10. 简述方形水平仪的构造，并说明方形水平仪是根据什么原理制成的？

11. 写出求部件水平误差的计算公式，解释各代表符号的意义。说明怎样用方形水平仪进行部件水平度的测量？

12. 为什么采用调头测量的方法就能消除方形水平仪本身的误差？

13. 熟悉水准仪的构造，掌握其使用方法。

14. 什么叫水准仪的水平线、水准轴线和视准轴（也叫视线）？

15. 怎样进行部件高程的测量？

16. 怎样进行外圆柱面圆度的测量？

17. 熟悉内径千分尺的构造，说明怎样用电气回路法进行环形部件圆度和中心位置的测量？

18. 说明怎样用固定中心浮筒装置挂出机组的垂直中心线？

第二章 水轮机安装

第一节 概　　述

　　水轮机是将水能转换为机械能的一种水力机械。按其能量转换方式不同。可把水轮机分为反击式和冲击式两大类。反击式水轮机包括混流、轴流、斜流和贯流式四种；冲击式水轮机包括水斗、斜击和双击式三种。大型反击式水轮机均为立式，而与其配套的发电机也为立式。图2-1、图2-2是两种立式水轮机与发电机直连机组布置图。图2-3是一种卧式直连机组布置图。

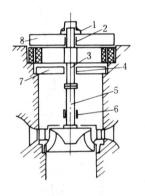

图2-1　混流式机组

1—发电机推力轴承；2—发电机上导轴承；3—发电机主轴；
4—发电机下导轴承；5—水轮机轴；6—水轮机导轴承；
7—发电机下机架；8—发电机上机架

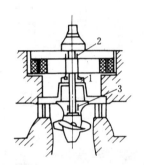

图2-2　轴流式机组

1—发电机推力轴承；2—发电机上导轴承；
3—水轮机导轴承

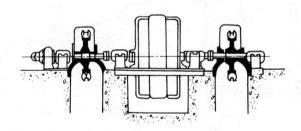

图2-3　水斗式机组

　　混流式水轮机如图2-4所示，适用于中、高水头；轴流式水轮机如图2-5所示，适用于低水头；水斗式水轮机如图2-6所示，适用于高水头。
　　由于水轮机的使用水头、布置方式、单机容量的不同，其安装程序和安装技术质量要求也有差异。

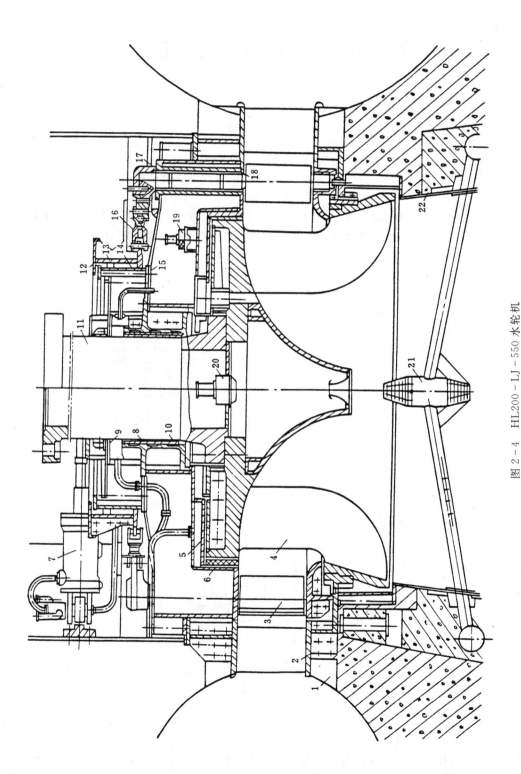

图 2-4　HL200-LJ-550 水轮机

1—蜗壳；2—座环；3—导叶；4—转轮；5—减压装置；6—止漏环；7—接力器；8—导轴承；9—平板密封；10—拾机密封；11—主轴；12—控制环；13—抗磨块；14—支持环；15—顶盖；16—导叶传动机构；17—尼龙轴套；18—套筒密封；19—真空破坏阀；20—吸力式空气阀；21—十字补气架；22—尾水管里衬

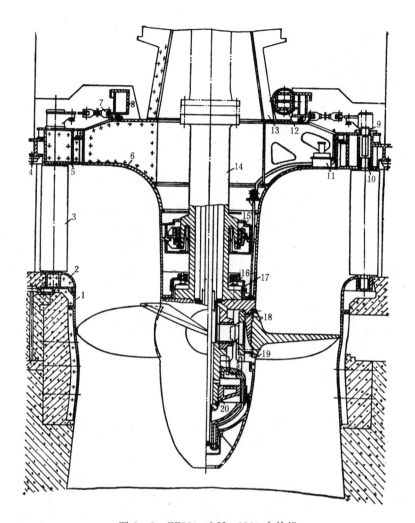

图 2-5 ZZ560-LH-1130 水轮机

1—基础环；2—底环；3—导叶；4—座环；5—顶盖；6—支持盖；7—导叶传动机构；8—控制环；9—导叶轴套；
10—轴套密封；11—真空破坏阀；12—接力器；13—推力轴承支架；14—主轴；15—导轴承；16—主轴密封；
17—检修密封；18—转轮；19—叶片密封；20—转轮接力器兼操作架

反击式水轮机的结构基本由以下四个部分组成：

（1）埋设部分：包括尾水管里衬、基础环（轴流式水轮机还有转轮室）、座环、蜗壳、水轮机室里衬和埋设管路等。

（2）转动部分：包括转轮、主轴等。

（3）导水机构：包括底环、活动导水叶、顶盖、套筒及导叶传动机构（转臂、连臂、控制环、接力器等）。

（4）导轴承：包括轴承及密封等。

冲击式水轮机的结构基本由机壳、转轮、喷嘴等组成。

本章重点介绍混流式水轮机的安装，其一般安装程序如图 2-7 所示。简述轴流转桨式水轮机的主要安装工艺特点。

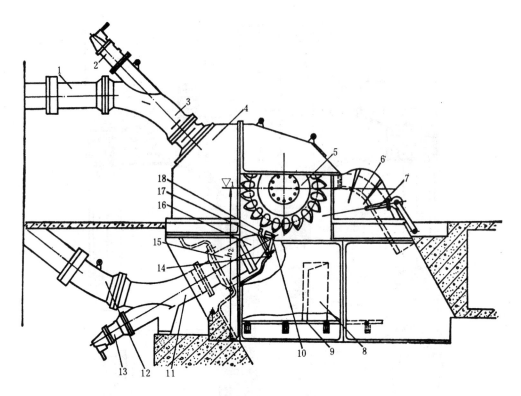

图 2-6 ZCJ47-W-170/2×15.0 水轮机

1—上伸缩节；2—上喷管接力器；3—上弯管；4—机壳；5—转轮；6—导流板；7—制动喷嘴；
8—检修进人门；9—稳流栅；10—偏流器；11—下弯管；12—下伸缩节；13—下喷管接力器；
14—冷却喷嘴；15—下喷管；16—喷嘴头；17—喷针头；18—档水板

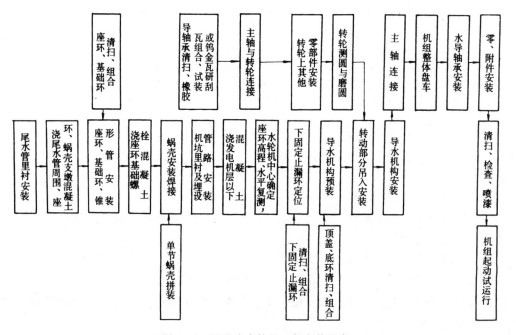

图 2-7 混流式水轮机一般安装程序

第二节　混流式水轮机埋设部分安装

埋入混凝土中的部件是将来不可拆出的部件，称之为埋设部件。其一般安装程序如下：

先装尾水管里衬，浇尾水管里衬周围以及座环、蜗壳支墩混凝土；装座环、基础环及锥形管，浇座环基础螺栓及底部混凝土；蜗壳安装焊接；水轮机室里衬及埋设管路安装；浇发电机层以下混凝土，如图2-8所示。

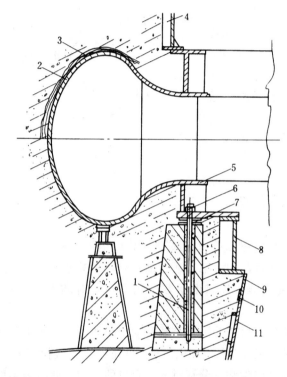

图 2-8　混流式水轮机的埋设部件图

1—基础螺栓；2—蜗壳；3—蜗壳弹性层；4—水轮机室里衬；5—座环；6—螺母；
7—楔子板；8—基础环；9—锥形管；10—围带；11—尾水管里衬

一、尾水管里衬的安装

尾水管里衬是水轮机最下部的埋设部件，常用钢板卷焊成形。上面设有进人孔、蜗壳排水管及测压管路。尾水管里衬的主要作用是：防止水流的冲刷与水轮机气蚀对混凝土尾水管的损坏。

1. 安装前的准备工作

（1）里衬的清扫组合：大型机组的尾水管里衬，由于运输条件的限制，通常分节、块运至工地，在工地上进行对装焊接成形。焊成后，要检查上、下管口的圆度，不合格要用拉紧器和千斤顶等进行调整。然后加设支撑以防变形。

为了保证里衬与混凝土结合严密，在里衬外表面用喷砂枪、钢丝刷等工具去污去锈后，涂一层薄薄的水泥浆。

（2）作好安装标记：为了在安装时便于确定里衬的中心和方位，吊装前应按照设计图纸要求，在里衬的上管口标出 X、$-X$、Y、$-Y$ 的轴线位置。

（3）机坑清理检查：清理预留的机坑，去除模板、木块、石、砂等杂物，排除积水。用水准仪检查机坑底面高程是否符合设计要求。

（4）设置挂线架：为了便于安装调整里衬的中心高程，可在机坑混凝土适当位置上（最好大于座环外圆半径，以便座环安装时使用），装置牢固的用角钢（或槽钢）焊成的标高中心架，如图 2-9 所示。将机组中心线和高程移到标高中心架上，在角钢上锯一缺口，缺口的位置应分别与 X、Y 轴线在同一垂直平面内，缺口的底部高程应比里衬上管口设计高程高出 $500\sim800\text{mm}$，为防止两方向的钢琴线在交点处重叠，X 方向与 Y 方向角钢的缺口高程应有 50mm 左右的高差。标高中心架设置好后，应根据机组标高、中心基准点进行复核。

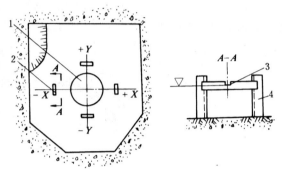

图 2-9 机组标高中心架
1—预留机坑；2—标高中心架；3—中心缺口；
4—角（或槽）钢

2. 吊入找正

上述工作结束后，可将尾水管里衬按 X、Y 标记吊入机坑，放在基础垫板上的楔子板上，然后在预先设好的标高中心架上通过缺口挂出两根直径为 $0.3\sim0.5\text{mm}$ 的钢琴线，两端拴以 $5\sim10\text{kg}$ 重的重锤，以保证钢琴线的平直。对准上管口从钢琴线上挂下四个线锤。

（1）中心测量与调整：检查并沿钢琴线移动四个线锤，看尖端是否对准上管口 X、Y 轴线位置上的标记（冲眼或锯口）。如没对准，可用千斤顶或拉紧器等调整工具进行里衬中心的调整，使四个线锤的尖端，分别对准上管口的标记，此时表明里衬上管口的中心与机组中心是一致的，如图 2-10 所示。

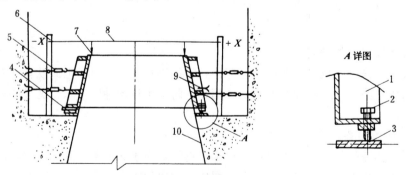

图 2-10 尾水管里衬安装
1—尾水管里衬；2—调整螺钉；3—基础垫板；4—楔子板；5—拉紧器；
6—标高中心架；7—线锤；8—钢琴线；9—锚栓；10—尾水管

（2）高程测量与调整：根据钢琴线的高程，用钢板尺测量上管口到钢琴线的距离，由钢琴线的设置高程减去该距离，即为上管口的实测高程，与设计高程相比，其差值即为里衬高度的调整值。

调整时，用调整螺钉或楔子板进行之。应注意里衬高程是以上管口最低点为准。

假如在安装中发现尾水管里衬出口与弯管的混凝土部分错位较大时，应设法调整里衬，或者适当地除去混凝土多余的部分，以保证尾水管内壁的平滑，减少阻力，有利于水流特性。

尾水管就位调整之后，其安装质量标准应符合表 2－1 的要求。

表 2－1　　　　　　　　　　尾水管里衬安装允许偏差　　　　　　　　　　（mm）

序号	项目	允许偏差				说　明
		转轮直径				
		≤3000	>3000 ≤6000	>6000 ≤8000	>8000	
1	管口直径	±0.0015D				D——管口直径设计值
2	相邻管口内壁周长差	0.001L	10			L——管口周长
3	上管口中心及方位	4	6	8	10	测量管口上 X、Y 标记与机组 X、Y 基准线间距离
4	上管口高程	+8 −0	+12 −0	+15 −0	+18 −0	
5	下管口偏心	10	15	20	25	吊线锤测量

3. 加固

里衬调整合格后，为了防止其变位，将调整工具点焊固定，并使用预埋锚栓拉筋等进一步焊接加固。管内适当加焊支撑。安装里衬外围的埋设管路。经复查合格后即可进行混凝土的浇注。

二、座环、基础环和锥形管的安装

对混流式水轮机来讲，座环是整个机组安装的基准，所以对座环的中心、高程、水平的安装技术质量要求很高，误差要小，尤其是水平误差更要小。假如座环不平，将直接引起整个机组的倾斜，因此对座环的安装就位要认真地测量，细心地调整。中、小型水轮机的座环与基础环常常是铸成整体的。对于大型机组，为了运输上的方便，将座环与基础环分开，并且各自都是分瓣制造的。

基础环是转轮室的组成部分，它的上面与座环用螺栓连接，下面与锥形管相焊接，在机组安装或检修时，用来支持转轮。

（一）座环、基础环安装

1. 清扫、组合

安装前，应先对座环、基础环的各加工面进行清扫，除去漆、锈、毛刺，修去高点。组合面要用汽油擦洗干净，涂上铅油，按编号把各分瓣件组合成为整体的环形件，把紧螺栓后间隙应符合规定，过流面应无错牙。按上述要求把座环、基础环分别组合成圆环后，再把两环连接在一起，以便整体吊装。

2. 吊入找正

先在座环支墩垫板上成三角形的放好三对楔子板（或三个螺旋千斤顶），楔子板的搭接量应大于其长度的 2/3 左右，楔子板与垫板的接触面积应大于 70%，其顶面高程应使座环放上后，座环上法兰面的高程符合设计值。然后将座环、基础环这一整体组合件按 X、Y 标记吊入机坑就位。

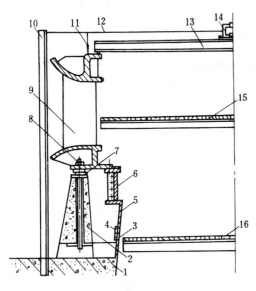

图 2-11　座环、基础环、锥形管
安装调整示意图

1—尾水管；2—座环支墩；3—尾水管里衬；4—围带；
5—锥形管；6—基础环；7—楔子板；8—基础螺栓；
9—座环；10—标高中心架；11—线锤；12—钢琴线；
13—水平梁；14—方形水平仪；15—测量用平台；
16—尾水管安装平台

（1）中心测量与调整：座环放稳后，可按尾水管里衬安装所用的方法挂出机组的十字钢琴线，在座环上法兰面上的 X、−X、Y、−Y 标记的上方已拉好的钢琴线上，分别挂下四个线锤，用起重设备调整座环的位置，使座环上的中心标记与线锤之尖端一致。如图 2-11 所示。

（2）高程测量与调整：用钢板尺测量座环上法兰面至十字钢琴线的距离，若不符合要求，可用下部的楔子板（或千斤顶）进行调整。

（3）水平测量与调整：利用水平梁配合方形水平仪，在座环上法兰面上测量，根据测量计算结果，用下面的楔子板（或千斤顶）调整。一边调整一边拧紧螺栓，经几次反复测调，螺栓紧度均匀，水平也合格为止。

座环的安装质量标准应符合表 2-2 的技术要求。

部件高程和大环形部件的水平，目前多采用水准仪进行测量。

表 2-2　　　　　　　　座环、基础环安装允许偏差　　　　　　　　（mm）

序号	项目	允许偏差				说明
		转轮直径				
		≤3000	>3000 ≤6000	>6000 ≤8000	>8000	
1	中心及方位	2	3	4	5	测量埋件上 X、Y 标记与机组 X、Y 基准线间距离
2	高程	±3				
3	水平	径向测 0.07mm/m	周向 8 或 16 等分测 0.05mm/m，但径向最大不超过 0.60mm			
4	座环、基础环圆度（包含同轴度）	1.0	1.5	2.0	2.5	测机组中心线至镗口中半径，至少测八点

24

3. 加固

座环位置调整合格后，即可用电焊将下部的楔子板（或千斤顶）、基础螺栓、拉筋等点焊固定，但应特别注意防止焊接加固时，使座环发生变形和位移，因此应对称施焊，在加固过程中，用方形水平仪和百分表进行监视。

（二）锥形管安装

在基础环与尾管里衬上管口之间有一凑合节，称为锥形管。它是在现场按实际尺寸下料用钢板卷焊制成的，留有55°的焊接坡口，用电焊先与基础环相接。锥形管与尾管里衬上管口的环缝，等座环下部混凝土养护合格后再行焊接，以免因焊接变形而引起座环变位。为此，在该环缝外面先用电焊把宽50～100mm的薄钢板围带焊在锥形管上，如图2-12所示。围带与尾管里衬搭接的环缝不焊，若其间隙太大，可用麻绳或旧棉絮塞死，以免浇混凝土时水泥浆流入，同时也防止在锥形管与尾管里衬的环缝焊接时，混凝土受热产生蒸汽进入焊缝，从而影响焊接质量。

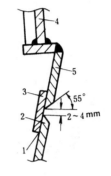

图2-12 锥形管坡口及围带
1—麻绳或旧棉絮；2—尾水管里衬；
3—围带；4—基础环；5—锥形管

上述工作结束后，复查座环的中心、高程和水平，并检查加固情况，符合要求后即可移交给土建单位浇注混凝土。浇捣时，同样要用水平梁配合方形水平仪监视水平度的变化情况。

三、蜗壳的安装

大、中型混流式水轮机的蜗壳，由于所承受的水压较大，一般均采用钢板焊接蜗壳。所以在这里重点介绍钢板焊接蜗壳的安装和焊接工艺。由于运输条件的限制，钢板焊接蜗壳在制造厂试装后要分成若干单节运到工地，对于大型机组的蜗壳，有的节还分成若干瓦片，运到工地后，先将瓦片拼成单节，然后在现场进行再装配。

（一）蜗壳拼装

1. 单节拼装

每节分成瓦片运到工地的蜗壳。安装前，首先要把瓦片拼成一个一个的单节。拼装时，先用马蹄铁、压码、楔子板、法兰螺栓、拉紧器等调整对缝间隙及弧度。为防止纵缝焊接时引起弧度变化，每条纵缝的连接固定板可加三道。

拼成单节的蜗壳应作如下各项的测量和调整，使其符合表2-3中的要求。

表2-3 蜗壳拼装允许偏差 （mm）

序号	项 目	允许偏差	说 明
1	G	+6 +2	
2	K_1-K_2	±10	
3	e_1-e_2	±0.002e	
4	L	±0.001L	
5	D	±0.002D	

（1）测量单节蜗壳的上下开口 G。

（2）测量蜗壳开口的两对角线长度 K_1、K_2。

（3）定出蜗壳的水平中分面，并以冲眼做标记（打在内侧），量出中分面的宽度。

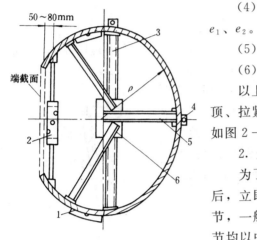

图 2-13 蜗壳单节拼装加固图

1—连接固定板；2—拉紧器；3—角钢或槽钢；4—吊环；5—角钢；6—定心板

（4）测量上下开口到蜗壳内侧水平中分线的弦长 e_1、e_2。

（5）测量蜗壳大小头的弧长 L。

（6）测量蜗壳直径 D。

以上各项测量结果，如不符合要求，可用千斤顶、拉紧器等调整之。合格后应在环节内加焊支撑，如图 2-13 所示。

2. 大节拼装

为了加快蜗壳的挂装速度，在单节拼装完成之后，立即施焊纵缝，然后将相邻的几个单节拼装成大节，一般以 2～3 节拼成一大节为宜。拼装时，两单节均以中分面为基准，调整焊缝的间隙和错牙，并用样板检查上下开口边的弧度，合格后，则可施焊拼装后的环缝。为了便于挂装时调整上下开口边，对离开口边 300～500mm 长的环缝可先不施焊。

如工期要求不紧，则宜采用单节蜗壳挂装的方案，因为单节挂装吊运和安装调整都比较方便。

（二）蜗壳挂装

1. 蜗壳挂装前的准备工作

（1）清扫各节蜗壳，修整焊缝坡口。

（2）根据中心基准点挂出机组的十字钢琴线。

（3）在尾水管内搭设工作平台，并焊一角钢支架，在支架顶端焊一加工好的小铁板，其顶面高程应与座环的水平中分面一致，并在小铁板上根据由十字钢琴线交点悬下的线锤打出冲眼，作为蜗壳安装的中心基准，如图 2-14 所示。

（4）准备好千斤顶、拉紧器、胶皮管水平器、线锤等。

2. 蜗壳定位节的挂装

蜗壳安装一般是先从与机组 $+X$ 轴线重合的项 1（定位节）开

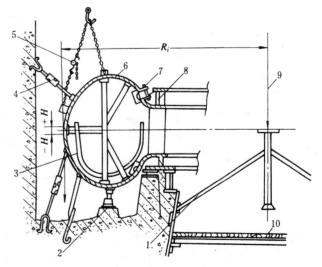

图 2-14 蜗壳挂装示意图

1—标定中心、高程的支架；2—调整用的千斤顶；3—胶皮水平器；4—拉紧器；5—导链；6—蜗壳；7—连接固定板；8—座环；9—机组中心线；10—工作平台始，然后按Ⅱ方向顺序挂装到项 12，从尾部按顺序挂装到项 14，再向Ⅰ方向挂装水平段。为了加快挂装进度，可以再确定一个与 +Y 轴线重合的项 22 作为定位节，这样可以开辟Ⅰ、Ⅱ、Ⅲ、Ⅳ个工作面同时进行蜗壳的挂装，如图 2-15 所示。为了补偿焊接变形以及在安装过程中可能产生的误差，设置了有一定余量的凑合节项 13，该节在蜗壳其他环节环缝全部焊完之后，根据空间实际尺寸下料配装。

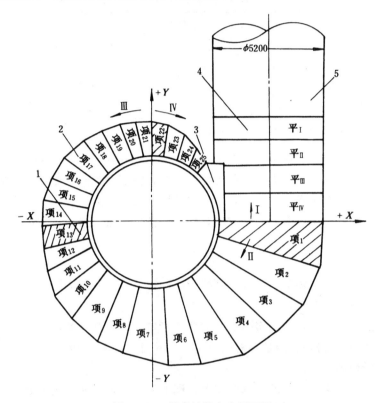

图 2-15　蜗壳挂装方向平面图
1—凑合节；2—各环节；3—尾部；4—水平段；5—水平管

定位节安装应认真对待，因为它是蜗壳挂装的基准。项 1 用法兰螺栓挂在座环蝶形边上后，底部用千斤顶支承，然后进行以下三个项目的测量和调整：

（1）从钢琴线上挂下两线锤，检查大管口与 X 轴线是否重合，同时检查大管口上下左右的倾斜值，不大于 5mm，如超差，应用起重设备和下部的千斤顶进行调整。

（2）用胶皮管水平器检查蜗壳内表面上水平中分面的高程，与设计值的偏差不大于 ±15mm，如超差用下部的千斤顶进行调整。

（3）用卷尺测量蜗壳外侧外表面距离机组中心之半径 R，其误差不应超过 $0.004R$（R 为机组中心至蜗壳外缘的设计值），如不合格，则用拉紧器和千斤顶进行调整。

上述三项调整合格后，用电焊把拉紧器、千斤顶等点焊固定。如开辟四个工作面，定位节项 22 也用同样方法挂装。

3. 其他蜗壳节的挂装

定位节挂装固定后，可按上述几个工作面同时进行其他蜗壳节的挂装。挂装时，仅检

27

查 H、R_i、焊缝间隙和错牙情况。各环节对接焊缝间隙要求 2～4mm，如各节与座环是搭接的，其搭接间隙应不大于 0.5mm；过流面错牙应不大于板厚度的 10％，最大错牙应不大于 2mm。

蜗壳安装应符合表 2-4 的质量要求。

表 2-4　　　　　　　　　　　蜗壳安装允许偏差　　　　　　　　　　　（mm）

序号	项　目		允许偏差	说　明
1	直管段中心	与机组 Y 轴线之距	$\pm0.003D$	D——蜗壳进口直径。若钢管先安装好，则应平顺过渡
		高程	±5	
2	最远点高程		±15	
3	定位节管口倾斜值		5	
4	定位节管口与基准线		±5	
5	最远点半径		$\pm0.004R$	R——最远点半径设计值

蜗壳挂装时，应挂好一节立即加固支撑好一节，特别是蜗壳与座环蝶形边连接处更要加固好，以免后边挂装时影响已挂装好了的安装质量而造成返工。

待蜗壳全部（不含凑合节）挂装完毕，并复查挂装质量合格后，方可进行蜗壳环缝的焊接工作。

4. 凑合节配装

凑合节是在蜗壳其他环节的纵缝、环缝全部焊完之后，根据实际空间尺寸制作的。

凑合节的制作方法有三种：

（1）量测法：在装凑合节的实际空间的两边管口上，以蜗壳的水平中分面为基准，沿环缝方向等分 32～96 份，并测量各对应点的空间尺寸，然后将该尺寸放样到已拼装好的凑合节上，划线切割。

（2）样板法：在装凑合节的实际空间上，围上薄铁皮，在薄铁皮上划出空间尺寸，并标出蜗壳的水平中分面，然后按划线剪裁成形，再按此样板在凑合节上划线切割。

（3）实拼法：即将凑合节分块的直接贴合在安装的实际空间上，以蜗壳的水平中分面为基准划线，切割时要考虑焊缝所需间隙。

上述三种方法，最常采用的是第二种方法，此法制作起来较准确且简单；第一种方法过于繁琐，一般不用；第三种方法，由于凑合节难以贴紧蜗壳表面，误差较大。

（三）蜗壳焊接

蜗壳的焊接顺序应该是先纵缝，后环缝，最后焊接蝶形边。

参加施焊的焊工，应经考试合格。为了防止蜗壳焊接造成大量返工现象，开焊时，每人先焊一条纵缝，焊完后立即检查，合格后方可继续施焊。焊条应采用厂家规定的焊条，按要求严格烘烤，用时放在保温焊条筒中，随用随取。

1. 纵缝焊接

环缝焊接前，必须进行纵缝的焊接。焊接应按"分段退步焊接法"进行，每段长度约 300～500mm。在焊接过程中，要求焊一层清扫一层，每层的接头要错开。如发现有裂纹、气孔、夹渣、未焊透等缺陷，要处理好后方可继续施焊。背缝的清根应彻底，适当深一点，范围宽一点，以减少焊缝中出现气孔与夹渣的可能。

2. 环缝焊接

蜗壳的环缝焊接，宜用 2～4 名焊工同时施焊，采用"对称分段退步焊接法"进行，如图 2-16（a）所示，每段长度约 200～400mm。其他要求与焊纵缝时相同。

凑合节的环缝是最后焊接，由于焊接应力不易排除，常产生焊接裂纹。因此，在焊接时除焊工在思想上要高度重视和采用合理的焊接工艺外，在每焊完一段或一层后，应用钝头的风铲或手锤对焊波进行敲击，以消除其内应力。焊接方法宜采用"对称分段退步跳焊法"，如图 2-16（c）所示。

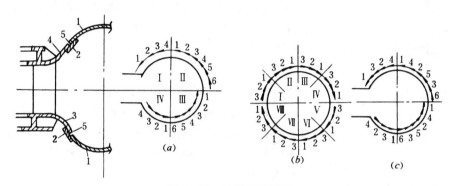

图 2-16 蜗壳焊接顺序

（a）环缝焊接；（b）蝶形边焊接；（c）凑合节焊接
1—蜗壳钢板；2—衬板（厚 5mm）；3—下蝶形边；4—上蝶形边；5—堆焊区

3. 蝶形边焊接

蝶形边焊缝的焊接是在所有纵、环缝全部焊完之后进行的。在堆焊时，背缝可贴钢衬板，焊完后铲除，如图 2-16 所示。

对下蝶形边可先进行封底焊，然后从正面清根后一次焊完。对上蝶形边应先焊正面，然后背缝清根再进行封底焊。施焊可由 4～8 名焊工对称进行，也是采用"分段退步法"，如图 2-16（b）所示。

为防止蝶形边焊接时引起座环的变形，可将水轮机顶盖吊入临时安装在座环上，拧上一半或全部组合螺栓，并用四只百分表监视顶盖与座环的相对位移。

4. 焊接质量检查

全部焊缝焊接完毕，要进行焊接质量检查。先进行焊缝外观检查，合格后，应进行焊缝无损探伤检查。

无损探伤通常用超声波或射线透视焊缝。采用射线探伤时，检查长度：环缝为 10%，纵缝和蝶形边为 20%。焊缝质量，按 GB 3323—82《钢焊缝射线照相及底片等级分类法》规定的标准，环缝应达到Ⅲ级，纵缝和蝶形边应达到Ⅱ级的要求。采用超声波探伤时，检查长度：环缝、纵缝及蝶形边均为 100%。对有怀疑的地方，应酌情用射线探伤复查。焊缝质量，按 JB 1152—81《钢制压力容器对接焊缝超声波探伤》规定的标准，环缝应达到Ⅱ级，纵缝和蝶形边应达到Ⅰ级的要求。当发现有不能允许的连续缺陷时和蜗壳采用合金钢板等易裂钢材时，应酌情增加检查长度。检查不合格的地方，应用电弧气刨除掉重焊。

（四）蜗壳加固

蜗壳焊接工作全部完成经检查焊缝质量合格后，将调整工具焊接固定，并适当的对蜗壳进一步加固，在蜗壳内、外装设必要的支撑，以防止浇注混凝土时，蜗壳变位和变形。

四、水轮机室里衬及埋设管路的安装

蜗壳安装后，在浇注混凝土之前，开始进行水轮机室里衬及埋设管路的安装。

水轮机室里衬是用钢板卷焊成的圆形筒，其内圆尺寸是按水轮机顶盖的外圆尺寸确定的。安装前，应先将分块的里衬组焊成整体的圆形筒，并在内部加以适当的支撑，且调整其圆度。安装时，将里衬整体吊入放在座环上法兰面上，按座环第一搪口至里衬下法兰内侧的距离 A 来找正其中心位置，如图 2-17 所示。注意方位，进人孔和安装接力器的地方应与设计一致。检查里衬下法兰的内径，此值应大于顶盖的外径并留有 $10\sim15mm$ 的单边空隙。中心和方位调整合格后，将水轮机室里衬焊接固定在座环上法兰面上。

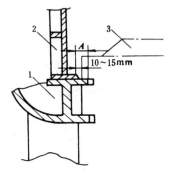

图 2-17　水轮机室里衬安装
1—座环；2—水轮机室里衬；3—顶盖

水轮机室里衬装完后，即可按照管路施工图纸进行埋设管路的安装。安装时应严格控制管路的设计位置及管接头的焊接质量。并作耐压试验，合格后将管口封堵好，以免进入杂物，堵塞管道。

上述工作全部结束后，经检查无误，即可移交给土建单位浇注座环下直至发电机层的混凝土。

第三节　混流式水轮机导水机构预装

导水机构是用来调节进入水轮机的水量和截断水流的，并为进入水轮机的水流建立一个必要的环量。

为了使水轮机导水机构在转动部分吊入后能顺利快速地进行安装，在转动部分吊入前，应进行导水机构的预装配工作。预装配的目的有二：①检查导水机构各部分的配合情况，以便及时发现问题，提早进行处理，②给底环、顶盖定中心，并钻铰销钉孔定位。如果导水机构各部件已在制造厂内预装过，在安装现场不再进行预装配，正式安装时只按厂家预装编号或标记进行安装即可。

在导水机构预装前，应对水轮机座环与其他件相组合的组合面进行清扫检查，复测其水平、高程，并根据座环的中心位置来确定水轮机的中心。

一、座环水平、高程的复测，水轮机中心的确定

1. 座环水平、高程的复测

预埋好的座环，由于蜗壳安装，混凝土浇注的影响，可能发生变形。因此，在导水机构预装前，必须进行水平和高程的复测。

（1）水平复测：用水平梁配合方形水平仪或用精密水准仪，对座环上平面（装顶盖的面）和下平面（装底环的面）的水平进行复测。如水平度超差，应用锉、磨、车削等方法进行处理，边处理边测量，直至合格为止。

（2）高程复测：水平处理合格后，即可用水准仪对座环高程进行复测。在座环的上平面按机组轴线测 4～8 点，作好竣工记录。再用内径分尺、钢卷尺或水准仪测量记录好基础环至座环下平面的高差 h_1、座环上下平面高差 h_2 及座环上平面至第二搪口平面的高差 h_3，如图 2-18 所示，每一圆围不应少于 8 个测点。

2. 水轮机中心的确定

对混流式水轮机，其中心测定一般都是以座环的第二搪口立面为准。把第二搪口的立面沿圆周方向按 X、Y 轴线等分 8～16 点，作为中心的测定点。在座环的上平面或发电机下机架基础平面上，按图 2-18 挂出垂直钢琴线。用钢卷尺测出座环第二搪口与 X、Y 轴线相一致的对称四点至钢琴线的距离，调整求心器，使对称两点的半径差在 5mm 以内，初步定一下钢琴线的位置，然后根据环形部件测中心的方法找正钢琴线，使其通过第二搪口的几何中心。调整好的钢琴线位置就是所要确定的水轮机的安装中心线。

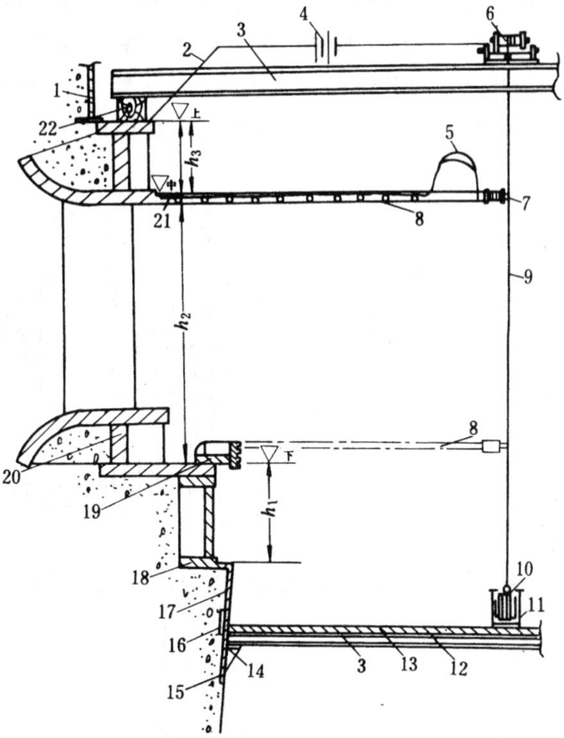

图 2-18　水轮机中心测定

1—水轮机室里衬；2—导线；3—中心架；4—干电池（6V）；
5—耳机；6—求心器；7—千分尺测头；8—测杆；
9—钢琴线；10—重锤；11—油筒；12—平台；13—木板；
14—钢支腿；15—尾水管里衬；16—围带；17—锥形管；
18—基础环；19—下部固定止漏环；20—座环；
21—座环第二搪口；22—方木

二、下部固定止漏环定位

中水头混流式水轮机，最先定位的是下部固定止漏环，因为它是机组安装时找中心的基准。

下部固定止漏环的预装定位工作，应与水轮机中心确定工作同时进行。在测中心的工具未安装前，应先将组合调整好的下部固定止漏环吊入机坑就位，待钢琴线挂好并调至水轮机的中心位置后，以这根钢琴线为基准，用环形部件测中心的方法来找正下部固定止漏环的位置，使各测点的半径与平均半径之差不应超过下部止漏环设计间隙的 ±10%，其圆度符合规范要求。

中心调好后，用组合螺栓固定，钻铰定位销钉孔，配制销钉。

三、导水机构预装

导水机构预装前，对分瓣的底环和顶盖进行清理组合，在组合面上涂以铅油，用螺栓连接，再用 0.05mm 的塞尺检查组合缝，应不通过，检查底环、顶盖的圆度和主要配合尺寸，上部固定止漏环是否有错牙现象，检查导叶配合高度，导叶上、中、下轴颈与其配合的各轴承内径尺寸是否合适。

1. 底环、导叶、顶盖、套筒吊入

预装时，先将组合成整体的底环吊放在座环的下平面上，按底环与座环第三搪口间隙 δ 值的大小，用楔子板初步调整底环的中心位置。然后按编号对称吊入 1/2（或全部）的活动导叶，检查其转动的灵活性，应无整劲与不灵活的情况，并能向四周倾斜，否则对轴瓦的孔径进行处理。再吊入组合成整体的顶盖，按编号吊装相应的套筒，如图 2-19 所示。

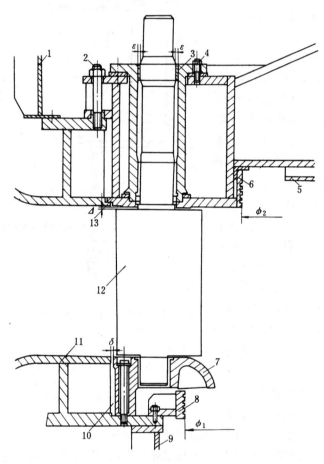

图 2-19　导水机构预装

1—水轮机室里衬；2—顶盖组合螺栓；3—套筒；4—套筒组合螺栓；5—顶盖减压板；
6—顶盖固定止漏环；7—底环；8—下部固定止漏环；9—基础环；10—底环组合螺栓；
11—座环；12—导叶；13—顶盖止水盘根

2. 顶盖中心的测量与调整

以下部固定止漏环中心为基准，挂出水轮机中心线。用环形部件测中心的方法，测量上部固定止漏环（在顶盖上）的中心和圆度，以钢琴线为基准，调整顶盖的中心位置，使各半径与平均半径之差不应超过止漏环设计间隙的 ±10%。

顶盖调好后，拧紧不少于一半的顶盖与座环的组合螺栓，对称拧紧套筒与顶盖的组合螺栓。

3. 底环、顶盖同轴度的测量与调整

当把顶盖固定止漏环（即上部固定止漏环）与下部固定止漏环调整同轴后，应测量并调整底环与顶盖、导叶上下轴孔的同轴度。

（1）同轴度测量：用塞尺测量导叶上下端面间隙，要求 $\Delta_大 \approx \Delta_小$，$\Delta_底 = 0$，如图 2-20 所示。其总间隙应不超过设计规定值，但也不能小于设计间隙的 70%。若间隙过大，可在底环与座环组合面间加垫；间隙过小，在顶盖与座环组合面间加垫或车削导叶体上下端面。在加垫时，要考虑到装在顶盖与座环之间的橡胶止水盘根的型号尺寸，由于其压缩量不同会直接影响止水效果。再测量导叶套筒轴瓦与轴颈的间隙 ε，沿周向和径向测四点，要求 $\varepsilon_b \approx \varepsilon_d$，其迎水面的 ε_a 应不小于设计最小间隙，以保证在受水压作用下，导叶各断面的应力均匀，如图 2-21 所示。

目前，有些安装单位为把导叶上下轴孔的同轴度测得更精确些，便使用了环形部件测中心的方法进行测量，如图 2-22 所示。在顶盖上均匀地选择 4 个未装导叶的轴孔，按编号装上 4 个套筒，拧紧组合螺栓。在套筒的上方分别放置 4 个事先做好的三角中心架，用求心器把钢琴线调至套筒上轴孔的中心位置（因为顶盖已经定位）。依据调好的 4 根钢琴线去分别测量与底环上相对应的 4 个轴孔的中心位置，根据记录去综合分析上下轴孔的同轴情况。如不合格，应进行调整。

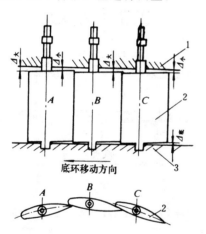

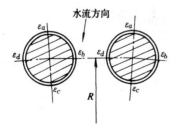

图 2-20　导叶端面间隙测量
1—顶盖；2—导叶；3—底环

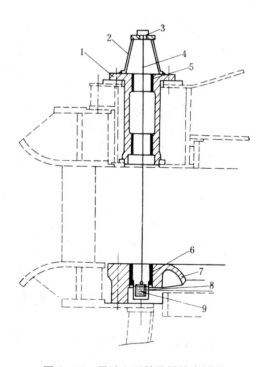

图 2-22　导叶上下轴孔同轴度测量
1—导叶套筒；2—中心架；3—求心器；
4—钢琴线；5—导叶上轴瓦；6—导叶下轴瓦；
7—底环；8—油筒；9—重锤

图 2-21　套筒轴瓦与轴颈间隙测量

（2）同轴度调整：调整时，以顶盖为基准只动底环。径向移动，是利用楔子板楔入底环与座环第三搪口的缝隙间进行调整的；底环的周向转动，则用4个千斤顶进行调整，如图2-23所示。

在以上调整中，宜于用百分表来控制调整量，效果很好。

上述工作结束后，应按设计图纸对顶盖、底环钻铰销钉孔，然后吊出所有预装部件，以便进行水轮机的正式安装。

为了缩短整个机组的安装工期，提高测量精度，减少累积误差，目前有些安装单位已把发电机几个环形部件（上机架、定子、下机架）定中心的工作也与导水机构的预装同时进行，如图2-24所示。

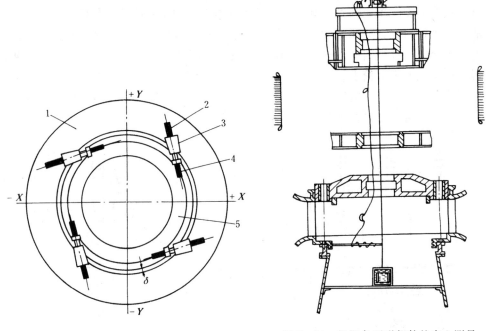

图2-23　底环转动示意图

1—座环下环；2—焊在下环上的挡块；
3—千斤顶；4—焊在底环上的挡块；5—底环

图2-24　机组各环形部件的中心测量

第四节　混流式水轮机转动部分组装

在混流式水轮机正式安装前，与导水机构预装的同时，在装配场地对转动部分进行组装工作。

一、主轴与转轮连接

1. 清扫检查

在主轴与转轮连接前，应先对主轴、转轮、连接螺栓、螺母等进行彻底清扫，检查各加工面有无毛刺或凹凸不平之处。

（1）加工面清扫修磨：将主轴与转轮连接法兰面、主轴轴颈、螺栓、螺母上的防锈漆层清除干净，去掉毛刺。对主轴与转轮连接的法兰面，应用标准平台涂以红丹粉进行研磨检查，如有凸出部分应用油石仔细修磨。待水导瓦研刮完毕，再将主轴竖立与转轮去连接。

（2）螺栓外径螺孔内径测量：对连接螺栓的外径和法兰上螺孔的内径应进行测量，复核螺栓与螺孔的号码是否相符，如发现配合尺寸不对，应先进行预装配，确认无误后方可进行处理。

（3）螺栓螺母预装配：对连接用的螺栓和螺母应进行螺纹检查修整，并对号试套。试套时在螺纹部分涂以润滑脂（水银软膏或二硫化钼），套上螺母，用手搬动螺母应能灵活旋下，以免正式连接时发生丝扣"咬死"现象。

（4）主轴下法兰凸出部分与转轮止口部分配合尺寸的测量：用特制的外径千分尺测量法兰下端面上的凸出部分尺寸；用内径千分尺测量转轮止口的尺寸。两者配合尺寸应符合要求。

上述工作全部完成后，即可进行主轴与转轮的连接工作。

2. 主轴与转轮连接

先在装配场地按转轮下环尺寸放置好4个钢支墩，在支墩上面放四对楔子板，用水准仪找平。再将泄水锥放在支墩的中央，然后吊起转轮放于稳固的支墩上，用下部的楔子板调好水平。在对称方向穿上两个销钉螺栓作为导向，螺栓可用千斤顶自下向上顶，如图2-25所示。用白布、酒精等彻底清扫主轴与转轮的法兰面。吊起水轮机主轴，在悬空中调好主轴法兰水平，误差应小于0.5mm/m，按厂家标记或螺孔编号，将主轴徐徐落在转轮上。当主轴下法兰凸出部分进入转轮的止口后，按编号穿上所有连接螺栓，在螺母丝扣上和底部涂上水银软膏，套在螺栓上，先对称的初步拧紧4个螺栓，再对称的拧紧另外4个螺栓，用同样方法将所有螺栓都初步拧紧。用第一章第一节中所介绍的方法对螺栓伸长值进行测量，边测量边对称的拧紧所有螺栓，直到螺栓伸长值达到厂家给定值或计算值为止。

用0.05mm塞尺检查法兰组合缝应无间隙。当组合缝和螺栓紧度合格后，用电焊将螺栓、螺母点固在上下法兰上，点固长度应在15mm以上，以免水轮机运行时，发生螺栓、螺母松动脱落等现象。

二、其他零部件安装

1. 保护罩安装

安装法兰保护罩之前，在连接螺栓、法兰表面涂以防锈漆，保护罩底部宜钻10mm的小孔2～4个，以利于机组停机时，将罩内积水排出。

把分瓣的保护罩在法兰上方组合成整体后落

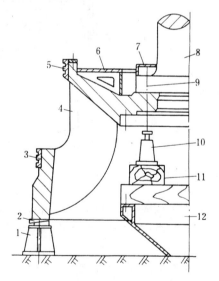

图2-25 混流式水轮机转动部分组装

1—钢支墩；2—楔子板；3—下部转动
止漏环；4—转轮；5—上部转动止漏环；
6—减压环（填充盖）；7—法兰保护罩；
8—主轴；9—连轴螺栓；10—千斤顶；
11—方木；12—泄水锥

在法兰上，用埋头螺钉固定在各连接螺栓的上端，保护罩的螺栓凹坑应填平。为牢固起见可在侧面将保护罩点焊在法兰盘上，焊点要修磨平滑。当它兼作检修密封的一部分时，应检查圆度。

2. 泄水锥安装

用桥机通过泄水孔将泄水锥提起，用螺栓将其固定在上冠中心部分的下端面上，螺栓要拧紧，组合缝应严密，局部间隙不应超过 0.1mm。安装好后应将组合螺栓用锁定片锁定或用电焊点固，然后把安装螺栓处的孔用沥青、环氧树脂或铁板封堵，以保证水流畅通。

有些水电站，水轮机转轮上的泄水锤，由于安装不慎或某种原因，在运行中被水流冲跑。

3. 减压环安装

为降低作用在转轮上的水压力，除采用在顶盖上设有减压板之外，还在转轮上冠上设有减压环（又叫填充盖），如图 2-26 所示。按图纸把减压环安装在上冠上，测量 ϕ_1，使之与主轴同心，调好后用电焊将其焊接在转轮上。再通过调整减压板内侧的调整环，使间隙 δ 符合设计值。这样才能保证减少作用在转轮上的水推力和容积损失。

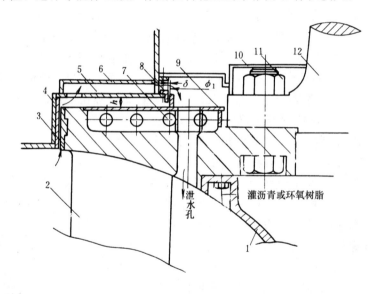

图 2-26 减压环安装图

1—泄水锥；2—转轮；3—上部转动止漏环；4—上部固定止漏环；5—减压板；6—顶盖；7—分瓣转轮组合螺栓；8—调整环；9—减压环；10—保护罩；11—主轴与转轮连接螺栓；12—主轴

在安装减压环时，高度不宜过高，与顶盖的空间尺寸 h 值不能小于规定值，以免发电机顶转子时引起减压环与顶盖相碰。

4. 转动止漏环安装

如在制造厂内转轮和止漏环是整体加工，或已将止漏环装在转轮上，则在主轴与转轮连接后，仅需进行止漏环的测圆与磨圆工作。如止漏环与转轮是分件到货的，则应在工地进行止漏环的安装。

（1）止漏环矫正：大直径的转动止漏环，常分成两块或数块运至工地，在现场与转轮进行组装。由于大尺寸的止漏环都是焊接结构，如图 2-27（a）所示，容易变形。在组装前，先用角尺检查止漏环及转轮上安装面的垂直度。如不合格，对止漏环用顶压方法，对转轮安装面用修磨方法加以矫正，以免止漏环与转轮结合不严或装好后的圆度、同轴度偏差太大。

（2）止漏环组装：为使止漏环与转轮结合严密，在止漏环各组合缝处装上专用的拉紧工具，如图 2-27（b）所示。先对称拧紧各立面的拉紧螺栓，再拧紧上面的拉紧螺栓，使止漏环紧紧地贴在转轮的上冠和下环上，用塞尺检查配合面的间隙，允许有不大于 0.2mm 的局部间隙，但连续长度不应超过周长的 2%，总和不应大于周长的 6%。止漏环箍紧后，就可以进行组合缝的焊接工作。

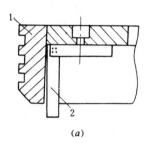

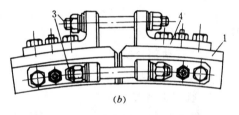

三、转轮止漏环的测圆和磨圆

1. 测圆

在安装时常以止漏环周围间隙值的大小，来确定水轮机的中心位置。若止漏环本身不圆或同轴度不好，在运行中将会使止漏环间隙不匀，从而引起机组振动和摆度的增加。为此，在止漏环装好后，用外圆柱面圆度测量的方法，对转轮上下止漏环的同轴度和圆度进行测量，

图 2-27　转轮止漏环组装
（a）止漏环安装面检查；（b）止漏环拉紧工具
1—止漏环；2—角尺；3—拉紧螺栓；4—拉紧板

如图 2-28 所示。用装在测圆架垂直臂上的百分表进行测量，边测边记录。

2. 磨圆

根据测量记录，确定出磨削方位和磨削量，用锉刀或手砂轮修磨。若修磨量较大，可

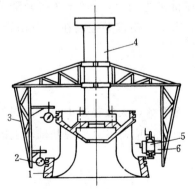

图 2-28　转轮止漏环测圆与磨圆
1—转轮；2—百分表；3—测圆架；
4—主轴；5—砂轮机；6—车床刀架

在测圆架的另一个垂直臂上装一套人工电气半自动操作的磨圆机进行磨圆，如图 2-28 右侧所示，以加快磨圆速度和确保磨圆质量。

转轮止漏环的不圆度不应超过止漏环设计间隙的 ±10%，转轮各部位的同轴度和圆度，以主轴为中心进行检查，各半径与平均半径之差符合表 2-5 中的要求。

在磨圆中，要以消除止漏环的不圆和不同轴度为标准，即使是止漏环的平均间隙磨大了一点，也要坚决处理不圆和不同轴度。只有这样，才能尽可能减小或消除因止漏环间隙不匀所造成的水力不平衡。

表 2-5　　　　　　　　　转轮各部位的同轴度及圆度允许偏差

工作水头（m）	部　位	允许偏差	说　明
＜200	1. 止漏环 2. 止漏环安装面	±10％设计间隙值	
	3. 引水板止漏环 4. 兼作检修密封的法兰保护罩	±20％设计间隙值	
≥200	1. 上冠外缘 2. 下冠外缘	±5％设计间隙值	对应固定部位为顶盖及底环
	3. 上梳齿止漏环 4. 下止漏环	±0.10mm	

第五节　混流式水轮机正式安装

水轮机安装的大量工作，如中心测定、设备中缺陷的发现和处理、大部件的组装等，大部分在预、组装中已经完成。水轮机正式安装的主要工作是转动部分吊装就位、导水机构安装、主轴连接和导轴承的安装。

一、转动部分安装

（一）准备工作

1. 机坑里清扫、准备

在转动部分吊入机坑之前，把妨碍转动部分吊入的预装件吊出，把座环、基础环清理干净。在基础环上按十字方向放置四组楔子板，也可以按等边三角形方位放置三组楔子板，使各楔子板顶面高程一致，并留有调整的余量。楔子板的平面尺寸根据转动部分的重量和放置位置的宽窄而定。楔子板放好后的顶面高程，应使转动部分吊放在上面之后，轴头法兰顶面的高程，一般较设计高程略低，其主轴顶面与吊装后的发电机法兰止口底面，应有 2～6mm 的间隙。

2. 起重工作准备

对桥机进行一次全面检查，通过吊具把转动部分挂在桥机主钩上，作 2～3 次升降试验，以检查桥机工作是否正常。同时调整主轴法兰顶面之水平，使偏差控制在 0.5mm/m 以内，符合要求后即可进行吊装。

（二）转动部分吊入安装

1. 转动部分吊入

用桥机将转动部分由装配场地吊至机坑，从上往下缓缓下落，大致找正中心，四周与固定部分间隙均匀，平稳地落在早已放好的楔子板上。吊放时，应有专人监视基础环上的楔子板，不准有位移。

2. 中心测量与调整

（1）粗调中心：在下部固定止漏环未吊入前，先用钢卷尺测量座环第四搪口至下部转动止漏环间的 A 值，如图 2-29 所示，用千斤顶或楔子板进行调整，以保证下部固定止漏环能顺利的吊放在安装位置上即可。

（2）精调中心：将下部固定止漏环吊入，按预装时的定位销钉孔找正位置，打入销钉，对称均匀地拧紧组合螺栓。用塞尺测量 δ 值，根据实测间隙，用千斤顶精调水轮机转动部分的中心位置。调整时，在对侧用百分表监视。调整后的止漏环间隙，要求误差不应超过实际平均间隙的 $\pm 20\%$。

3. 水平测量与调整

由于水轮机主轴的中心位置和垂直度都将是发电机安装的中心和水平度的基准，因此除找正主轴的中心位置外，还需要调整好主轴的垂直度。一般有两种方法：

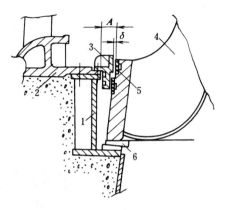

图 2-29 转动部分吊入安装
1—基础环；2—座环；3—下部固定止漏环；
4—转轮；5—下部转动止漏环；6—楔子板

（1）用方形水平仪测定主轴的垂直度：这是目前常用的方法。测定时，可在主轴法兰顶面的 X、$-X$、Y、$-Y$ 四个位置放方形水平仪，测法兰的水平。根据测得的数值，调整转轮下面的楔子板，使法兰面的水平偏差达到 0.02mm/m 以内，这时主轴也达到垂直的要求。

（2）用挂钢琴线测定主轴垂直度：这种方法测量精度较高，但装置复杂，费时间，一般情况下不用。

最后复测一次中心、水平、高程，合格后用白布或塑料布将下部止漏环间隙盖好，以防脏物掉入。

二、导水机构安装

导水机构安装的主要技术要求为：底环、顶盖的中心应与机组垂直中心线重合；底环、顶盖应互相平行，其上的 X、Y 刻线与机组的 X、Y 刻线一致；每个导叶的上下轴承孔要同轴；导叶端面间隙及关闭时的紧密程度应符合要求；导叶传动部分的工作要灵活可靠。

上述要求，在预装中已大部分达到。尚未达到的，要在导水机构正式安装中加以解决。

（一）底环、导叶、顶盖、套筒安装

1. 吊装

先将底环吊入安装位置，其组合面应清扫后涂以白铅油，对准销钉孔打入销钉，对称均匀地拧紧全部组合螺栓，并用塞尺检查其严密性，如图 2-30 所示。

在底环的导叶下轴孔内，涂以少量黄油，将导叶按编号对称地吊入栽在底环上。

在座环第二搪口的盘根槽内，放好经预装检查合适的橡皮盘根。吊起顶盖调好水平，在与座环的组合面上涂以白铅油后吊入安装位置，打上定位销钉，均匀对称地拧紧全部组合螺栓。

套筒安装时，先将套筒的止水盘根放好，然后按编号吊入安装位置。在套筒与顶盖的组合面上，应垫上帆布或橡胶石棉板，均匀对称地拧紧组合螺栓。

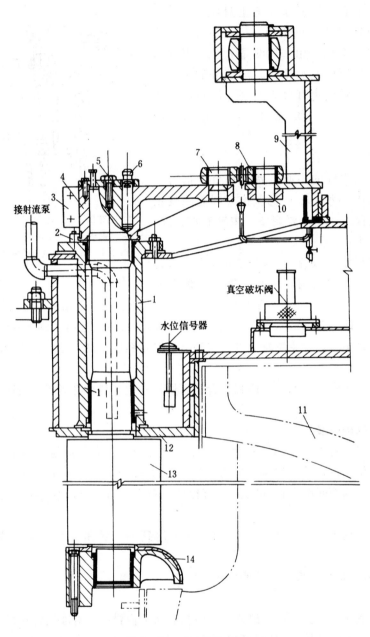

接射流泵

真空破坏阀

水位信号器

图 2-30 导水机构安装

1—套筒；2—止推块；3—组合螺栓；4—开口转臂；5—调整螺钉；6—分瓣键；7—剪断销；
8—连杆；9—控制环；10—轴销；11—转轮；12—顶盖；13—导叶；14—底环

2. 检查

以上四大件吊装固定后，应检查以下几项：

（1）检查上部止漏环间隙，其偏差不得大于实际平均间隙的±20％。

（2）检查转轮与顶盖的轴向间隙，其值应大于发电机顶转子的最大高度。

（3）检查导叶端面总间隙，其最小值不得小于设计值的 70％。

（4）检查导叶上部轴承间隙，应符合要求，用导叶扳手转动导叶应灵活无整劲。

当底环、导叶、顶盖、套筒安装完成之后，接着安装导叶传动机构，它包括转臂、连杆、控制环、推拉杆、接力器等。

（二）导叶传动机构安装

1. 转臂安装及导叶间隙调整

（1）转臂安装：按编号将转臂吊装在相应的导叶轴颈上，检查分瓣键槽应无错牙。转臂有整体和开口两种结构。整体转臂安装时可用大锤打入或用专用工具压入；开口转臂是利用螺栓将转臂紧固于轴颈上的，此种结构在安装与检修时均较方便，但制造工艺复杂。转臂装好后将分瓣键放入，先不打紧，以便调整导叶端面间隙。

（2）导叶端面间隙调整：先把导叶轴颈上端的推力盖和推力螺钉装好，然后用松紧螺钉的方法，调整导叶上下端面间隙。通常要求上端间隙为实测总间隙的 60％～70％，而下端间隙为实测总间隙的 30％～40％；工作水头在 200m 及以上的机组，下部为 0.05mm，其余间隙留在上部。导叶端面间隙调整合格后，将装入的分瓣键打紧，分瓣键的合缝应与转臂装配缝相垂直，以固定转臂的位置。分瓣键打紧后，复查导叶上、下端面间隙应符合要求。

（3）导叶立面间隙调整：为增加导叶关闭的严密性，减少漏水量，有的机组在导叶立面设有橡皮止水盘根，如图 2-31 所示。

导叶立面间隙检查是在未装盘根的情况下进行的。先将导叶全部关闭，再在蜗壳内用钢丝绳捆在导叶外围的中间部分，钢丝绳一端固定在座环的固定叶上，另一端用导链将钢丝绳拉紧，使导叶均匀受力而关闭。

在捆紧导叶时，一边拉紧导链，一边用大锤敲打导叶，使各导叶立面靠紧、间隙分配均匀。初步检查立面间隙情况可用灯光照，面后用 0.05mm 塞尺检查应通不过。导叶立面局部最大间隙允许值不得超过表 2-6 的规定。在导叶立面上，有间隙的总长度不得超过导叶高度的 25％，其间隙不宜连续。

带有盘根的导叶在装上盘根之后，导叶应关闭严密，各处立面应无间隙。如有不合格处，可作相应标记，放松导叶，用锉刀或砂轮机等，在接触高出的地方进行锉削修磨，直至合格为止。

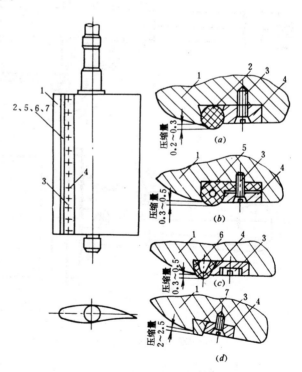

图 2-31 导叶密封结构（单位：mm）

1—导叶；2—圆橡皮盘根（a）；3—埋头螺钉；4—压板；
5—b 型橡皮盘根（b）；6—U 型橡皮盘根（c）；7—铅条（d）

41

表 2-6	导叶允许局部立面间隙				(mm)
序号	项　目	允许局部立面间隙			说　明
		导叶高度			
		≤600	>600 ≤1200	>1200 ≤200	>2000	
1	不带密封条的导叶	0.05	0.10	0.13	0.15	
2	带密封条的导叶	0.15		0.20		带密封条的导叶在密封条装入后检查，应无间隙

　　2. 接力器与控制环安装

　　（1）接力器安装：目前用于大型水轮机上的接力器多为环形接力器和摇摆式接力器，这里只介绍摇摆式接力器的安装，如图 2-32 所示。

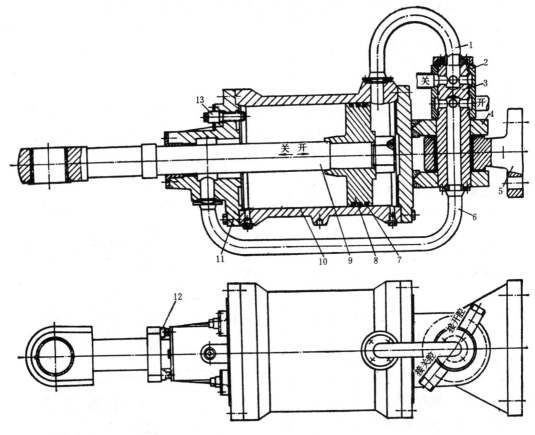

图 2-32　摇摆式接力器

1—U 型管；2—配油套；3—销轴；4—后缸盖；5—固定支座；6—门型管；7—活塞环；
8—活塞；9—推拉杆；10—缸体；11—前缸盖；12—特殊螺钉；13—限位螺钉

　　接力器是制造厂组装成整体运至安装工地的。在安装之前需在工地分解的接力器，应进行解体、清洗、检查以及重新组装。接力器组装之后，通入高压油泵的油压，使接力器活塞动作，要求活塞动作平稳、灵活、无整劲，两个活塞实际行程的相互偏差不应大于

1mm。如不合格时，可用图 2-32 中的特殊螺钉 12 和限位螺钉 13 进行调整。并以 1.25 倍的工作压力油做耐压试验，保持 30min，然后降至工作油压保持 60min，在整个试验过程中应无渗漏现象。合格后，即可进行安装。

将接力器整体吊入，安装在水轮机室内侧事先埋设好的基础法兰上，用方形水平仪在推拉杆上测量水平，其偏差不得超过 0.1mm/m。如超过规定值，可在接力器固定支座与基础法兰间加垫处理，如图 2-33 所示。

摇摆式接力器的活塞行程余量，在导叶处于全开或全关位置时，任一单边行程余量不应小于 10mm。摇摆式接力器的分油器，配管后不得有憋劲现象。

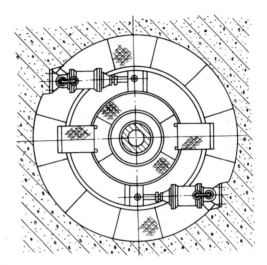

图 2-33　摇摆式接力器平面布置图

（2）控制环安装：控制环应在接力器吊入安装后，再吊入机坑进行安装。先清扫好顶盖上装控制环的安装面，当控制环位于安装面上之后，检查其间隙应符合图纸要求。

（3）接力器与控制环连接：在接力器与控制环均安装合格后，用转动控制环和摆动接力器的方法，使控制环上的耳环与接力器推拉杆的耳柄孔对准，穿上轴销即可。

两者连好后，用千斤顶或导链转动控制环；使之处于导叶全关闭位置，投入锁定，如图 2-32 所示，调整限位螺钉 13，使与活塞 8 的端面接触；拔出锁定，将控制环转至全开启位置，调整特殊螺钉 12 与推拉杆 9 上的凸台后端面相接触，使接力器与控制环的位置相适应。

（4）压紧行程的调整：压紧行程是调整接力器的行程使导叶在关紧后仍具有几个毫米的行程余量（向关闭方向），此行程余量称之为压紧行程。压紧行程值根据各种转轮直径的大小而确定，如表 2-7 所列。

表 2-7　　　　　　　　　　接 力 器 压 紧 行 程 值　　　　　　　　　　　　　（mm）

序号	项　　目		压 紧 行 程 值				说　　明
			转 轮 直 径				
			≤3000	>3000 ≤6000	>6000 ≤8000	>8000	
1	直缸接力器	带密封条导叶	3～5	4～7	6～8	7～9	撤除接力器油压，测量活塞返回的行程值
		不带密封条导叶	2～4	3～6	5～7	6～8	
2	摇摆式接力器 环形接力器		导叶在全关位置，当接力器自无压升至工作油压的 50% 时，其活塞移动值，为压紧行程				如限位装置调整方便，摇摆式接力器也可按直缸接力器要求来确定

调整压紧行程的目的：为了防止大量漏水。此漏水是在水力矩的作用下，导叶传动系统各部件常因受力发生弹性变形，加上各部件连接处存在配合间隙，使导叶开启一小缝隙

而造成的。

调整压紧行程的方法：当控制环和接力器活塞都处在全关闭位置时，如图 2-32 所示，将各接力器上的限位螺钉 13 分别向外退出所需要的压紧行程值。此值可用螺距的圈数来控制。

3. 连杆安装

在导叶和控制环都处于全关位置时，才能安装连杆。首先用水平尺检查转臂和控制环同连杆连接的平面高程是否一致（见图 2-30），如两端相差高低较大时，应修整连杆上的轴瓦或加垫片。连杆安装好之后，应利用中间带有反正螺纹的螺杆调整连杆的长度，通常规定各连杆的长度与设计值的允许偏差为 ±1～2mm。如果各连杆安装长度超过规定值，在运行中将造成导叶开度不等，进入转轮内的水流不均匀，直接增加了转轮的水力不平衡。

三、主轴连接

机组连轴是在发电机轴线处理合格或基本合格之后进行的。连轴前，应先复测一下水轮机轴的中心和水平，合格后以水轮机主轴为基准，对发电机主轴进行找正。利用发电机的盘车工具，使发电机轴法兰孔的编号与水轮机轴法兰孔的编号一致，并使上、下螺孔基本相对应。

1. 法兰找正

用钢板尺靠发电机法兰侧面，检查与水轮机法兰侧面的间隙 Δ，用上导轴瓦调整发电机主轴的中心位置，使法兰侧面四个方向的 Δ 值均为零（或相等），且法兰螺孔应无错牙。

检查两法兰面的 Δh，使四个方向的 Δh 值相同，如图 2-34 所示。如不一致，应查明是发电机不水平还是水轮机不水平。发电机的水平可调整推力轴承的水平值。如仅因水轮机不水平，且误差不大，可在提升水轮机时一起调整。

2. 主轴连接

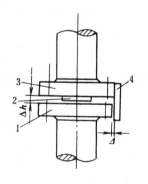

图 2-34 连轴时法兰找正
1—水轮机主轴法兰；2—法兰止口；
3—发电机主轴法兰；4—钢板尺

当上述检查调整合格后，用白布、酒精彻底清扫两法兰盘面，检查上、下止漏环内有无杂物。此时在两法兰盘上装上三对转轮提升工具，如图 2-35 所示，这样在提升时易控制水轮机的水平。

先在螺孔内穿上两只或三只连轴用的销钉螺栓，作导向用。由三人手动操作油压千斤顶，并由一人用钢板尺测量法兰盘间的 Δh，在三只千斤顶上升时，应使 3 个方向的 Δh 值大致相等，误差在 0.5～1.0mm 以内。

当水轮机法兰盘进入发电机法兰盘的止口以内后，更应严格控制 Δh 值，使其误差在 0.5mm 以内。如 3 个方向 Δh 值不相等，易发生卡阻事故。

在水轮机一面提升时，一面应用手拧紧导向连轴螺栓的螺母，以防万一有一只千斤顶出事故，不会因大轴歪斜而发生卡阻。

当两法兰面贴紧接触后，应穿上所有能穿的连轴螺栓，并初步拧紧后，方可拆下转轮提升工具。

拧紧连轴螺栓，一般是利用导向滑轮用桥机拉的方法。螺栓紧度测定可采用前面讲过的方法。

拧紧连轴螺栓，应分几次对称均匀拧紧。如单边先拧紧或单边受力过大，会引起机组轴线在连接法兰处曲折，从而造成机组轴线摆度增大。

在机组连轴后，用 0.05mm 塞尺检查法兰结合面应塞不进。

拧紧连轴螺栓并经机组轴线检查合格后，方可将连轴螺栓、螺母焊固和安装法兰保护罩。

四、水轮机导轴承安装

水导轴承的安装是在推力轴承受力调整好与机组中心固定之后进行的。

水导轴承安装之前，机组的轴线应位于中心位置，检查上下止漏环间隙以及发电机的空气间隙应符合规定的要求。此时用楔子板塞紧止漏环的间隙，在发电机上部导轴承处用导轴瓦抱紧主轴，使转动部分不能任意移动。然后将预装好的导轴承体吊入安装位置，可按水导轴承设计规定间隙、机组轴线摆度和主轴所在位置来分配调整确定其安装位置。应调间隙的计算公式为

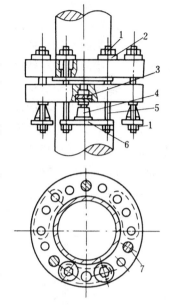

图 2-35　机组连轴布置
1—螺母；2—垫板法兰；3—垫板；
4—油压千斤顶；5—拉杆；
6—腰子板；7—导向螺栓

$$\delta_c = \delta_{cs} - \frac{\varphi_{ca}}{2} - e$$

式中　δ_c——水导轴承各点的应调间隙，mm；

　　　δ_{cs}——水导轴承单侧设计间隙，mm；

　　　φ_{ca}——水导处各对应点的双幅净摆度，mm；

　　　e——主轴所在的实际位置与机组中心的偏差（mm），当机组的实际轴线处于机组的中心位置时，$e=0$。

一般最小油膜厚度为 0.03mm，最小水膜厚度为 0.05mm。不论是稀油润滑还是水润滑的导轴承，调整后，其最小间隙值不应小于油（水）膜的最小厚度值。

对于筒式轴承，确定调整的间隙之后，用千斤顶调整；而对于分块瓦轴承则用小千斤顶或楔形块进行调整。轴承间隙调整好之后，将轴承体与顶盖用螺栓固定，钻铰定位销钉孔，打入销钉。再安装水轮机的其他附属设备。

水导轴承的安装，也可以与发电机导轴承的安装同时进行，以保证各轴承安装后的同轴度。

第六节　轴流转桨式水轮机的安装特点

轴流式水轮机包括轴流定桨式和轴流转桨式两种。轴流转桨式水轮机在运行中借助转

轮叶片的转动能实现流量的双重调节，以改变水轮机的出力，因而平均效率高，在大中型低水头电站被广泛采用。

轴流转桨式水轮机的埋设部分、导水机构、水导轴承等，在结构上跟混流式水轮机大同小异，其主要区别在转轮上。本节只对轴流转桨式水轮机的安装特点作简要叙述。

一、埋设部件安装中的一些问题

轴流转桨式水轮机的埋设部件，由于机组容量和适用水头不同，其结构也有所不同。一般轴流转桨式水轮机的埋设部件由尾水管里衬、基础环、转轮室、支承环、固定导叶、上环以及蜗壳上下衬板等组成，如图2-36所示。蜗壳一般采用混凝土结构，对于水头高于30m的，则用金属蜗壳。

1. 安装基准

混流式水轮机，座环是整个机组的安装基准；而轴流式水轮机，则转轮室是整个机组的安装基准。

转轮室与基础环安装之前，先将尾水管里衬吊入就位，待转轮室基础环安装调整合格后再与之相连接。安装时应根据水轮机叶片中心高程调整埋设部件的高程，一般测量转轮室上平面的安装高程和水平，其中心和圆度则以转轮室内圆加工面为准。转轮室必须精心测量调整，牢牢固定。只有这样，才能保证整个机组的安装质量。

2. 座环组装

整体座环的安装方法与混流式水轮机座环的安装一样，而分件到货的座环安装则较为复杂。为保证活动导叶的端面间隙，座环上环与支承环之间的距离，即上环的标高一定要严格控制。上环与固定导叶的组装，有样板找正法和上环定位法，其中上环定位法找正较方便，安装精度较高，应用普遍。

上环定位法：在制造厂内每只固定导叶在上环的安装位置均预先进行过组装，并钻铰销钉孔定位，其分件座环到货后，按制造厂的标记和要求直接安装。如果制造厂未做过这项预装工作，则应在现场安装间将上环翻身组合成整体圆环，调好水平，然后将固定导叶倒置于上环的安装位置上，按图纸上要求方位用经纬仪定位，钻铰销钉孔。并标定$+X$、$-X$、$+Y$、$-Y$方向。最后再把固定导叶拆下来，以待正式安装。

在机坑安装座环时，先将$+X$、$-X$、$+Y$、$-Y$方向的4个固定导叶吊入，其高程调至设计高程，再吊入其余固定导叶，其高程均低于设计高程10～

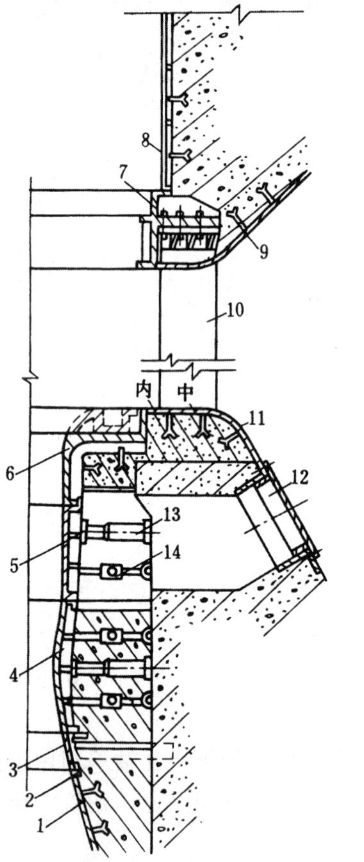

图2-36 大型轴流式
水轮机埋设部分

1—尾水管里衬；2—围带；3—连接带；
4—基础环；5—转轮室；6—支承环；
7—上环；8—机坑里衬；9—蜗壳上衬板；
10—固定导叶；11—蜗壳下衬板；12—可拆段进人门；13—千斤顶；14—拉紧器

15mm。然后将组合成整圆的上环吊入，并与上述 X、Y 方向的四个固定导叶相连接，打入销钉，跟上环一起调高程、中心和水平。合格之后，拧紧上述 X、Y 方向四个固定导叶的地脚螺栓。再将其余的固定导叶提上来，以销钉定位，用螺栓同上环连接，拧紧所有地脚螺栓，再复查上环的高程、中心和水平。合格后将所有连接件点焊固定，并进行加固（应有监视），以防浇注混凝土时发生变形或变位。

二、转轮组合安装

（一）转轮组合

轴流转桨式水轮机的转轮，按转动叶片的传动机构不同，可分为有操作架和无操作架两种。若转轮叶片较多，或为了减小转轮体直径，宜采用有操作架的结构，如图 2-37 所示。对于转轮叶片少的，则采用结构简单的无操作架转轮，如图 2-38 所示。

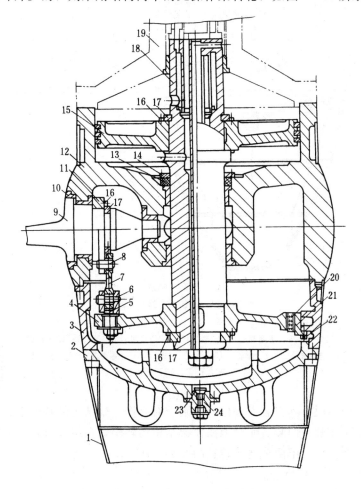

图 2-37 有操作架转轮结构

1—泄水锥；2—下端盖；3—连接体；4—操作架；5—叉头；6—叉头销；7—连杆；
8—转臂销；9—叶片；10—止漏装置；11—转臂；12—转轮体；13—U 型橡皮圈；
14—压环；15—活塞；16—压圈；17—卡环；18—活塞杆；19—主轴；
20—导向滑动板；21—导向键；22—紧固螺钉；23—止油阀；24—进人孔盖

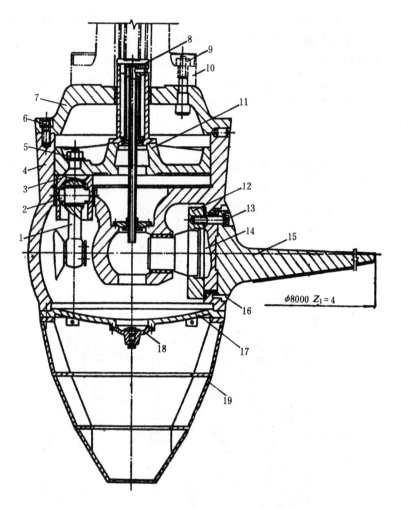

图 2-38 无操作架转轮结构

1—连杆；2—套筒销；3—套筒；4—转轮体；5—套筒螺栓；6—连接螺钉；

7—转轮盖；8—活塞杆；9—连接螺栓；10—主轴；11—活塞；12—转臂；

13—连接螺钉；14—枢轴；15—叶片；16—叶片止漏装置；17—下端盖；

18—进人孔盖；19—泄水锥

由于转轮结构不同，其安装方法也有区别。对有操作架结构的转轮组装时，因有操作架，通常宜将转轮体翻身倒装。而对无操作架结构的转轮，在组装时转轮不需要倒装，直接正装进行。下面分别介绍两种结构转轮的组装方法。

1. 无操作架结构转轮的组装

（1）支架固定与转轮体调平：将支架与基础牢靠固定，将转轮体正放于支架上，调好水平，其偏差应在 0.05mm/m 以内，如图 2-39 所示。

（2）转臂、连杆、枢轴、活塞安装：先将转臂与连杆组合好，然后用导链吊起挂在钢梁上，利用配重吊起枢轴，找好水平，对正中心装入转轮体的枢轴孔和转臂孔中，再用槽钢与拉紧螺栓将转臂与枢轴靠紧，把枢轴推入轴承内。

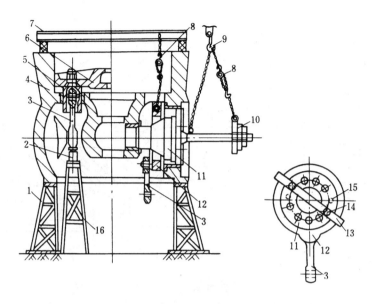

图 2-39　转臂、连杆、枢轴、活塞安装

1—支架；2—千斤顶；3—连杆；4—转轮体；5—套筒；6—活塞；7—钢梁；
8—导链；9—桥机小钩；10—配重块；11—枢轴；12—转臂；
13—槽钢；14—拉紧螺栓；15—叶片轴销；16—支墩

在连杆与套筒连接端的孔中，按编号装上套筒销，用导链将连杆拉入套筒孔内，下面用支墩及千斤顶等将连杆顶住固定，吊入套筒对准套筒孔，使套筒销进入套筒销槽内后再旋转 90°。检查套筒与轴瓦之间隙是否均匀。用千斤顶调整套筒与活塞组合面的高程，待调整一致之后再将活塞吊入，检查活塞与缸体的间隙，四周应均匀，中心偏差应在 0.05mm 以内。然后拧上与活塞连接的套筒螺母，通常按对称两次拧紧，其紧力应符合设计要求。

（3）转轮叶片、下端盖、活塞杆、转轮盖的安装：套筒螺栓紧固之后，用桥机或千斤顶将活塞拉（或顶）至全关位置，叶片应对称挂装，并且挂好一只叶片应用千斤顶、支墩顶住，以防转轮体倾倒。叶片螺钉应先拧上部，后拧下部，且上下对称分两次按设计力矩拧紧。有的安装单位采用电阻加热螺栓拧紧叶片，"热紧冷测"使叶片螺钉均匀受力，紧力符合规定要求。

叶片全部安装好之后，将叶片转至设计位置（零度），检查各叶片，其安装误差不应大于 $\pm15'$，否则应予以调整。

上述工作结束后，将转轮体吊起，安装下端盖。然后再放回原处，安装活塞杆和转轮盖，最后测定叶片关闭位置时的圆度及最大直径。

（4）叶片密封装置安装与油压试验：转轮叶片密封止漏装置有多种，常用的有弹簧牛皮止漏装置、"λ"型橡胶止漏装置和金属密封圈等，其中以"λ"型橡胶止漏装置应用最普遍，如图 2-40 所示。在安装"λ"型橡胶止漏装置时，应注意橡胶圈要松紧适当，尖部切勿划破，以免降低止漏效果。在安装顶紧环时，应按图纸要求使弹簧留有预紧力。在安装压环时，应注意先装叶片与转轮体间的压环，然后转动叶片将其他压环装上，不要将橡胶圈挤坏。

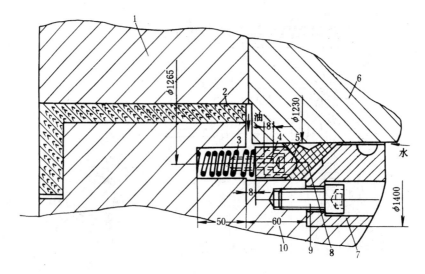

图2-40 "λ"型橡胶止漏装置（单位：mm）
1—枢轴；2—轴瓦；3—弹簧；4—特殊螺钉；5—顶紧环；6—叶片；
7—压环；8—"λ"型橡胶圈；9—内六角螺钉；10—转轮体

叶片密封止漏装置在进行油压试验前，应根据要求配置管路和试验设备，如图2-41所示。油压试验的目的，系检查各止漏装置和各组合缝处的渗漏情况，并检查叶片转动的灵活性。试验压力可按转轮中心至受油器顶面油柱高度的3倍来确定，对于"λ"密封，一般为0.5MPa。

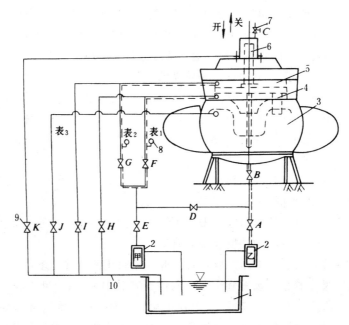

图2-41 叶片止漏装置试验时油管路配置系统图
1—回油箱；2—油泵或滤油机；3—回油腔；4—活塞下腔；5—活塞上腔；
6—活塞杆；7—排气阀；8—压力表（0～1MPa）；9—闸阀；10—回油管

油压试验时，应在最大压力下保持24h。试验过程中，每1h操作叶片全行程开、关转动叶片1～2次；在最后12h，每只叶片漏油量不应大于有关规定。试验开启和关闭的最低油压一般不超过工作油压的15％。在关闭过程中，叶片转动应平稳，与转轮体应无撞击现象。并要录制活塞行程与叶片转角的关系曲线。

2. 有操作架结构转轮的组装

有操作架的转轮，因正置不便于吊装转臂、连杆等，一般将转轮体翻身倒置。先将活塞杆插入转轮体（或先将活塞杆倒立在坑中，待其上的转轮体装好转臂、连杆、叶片枢轴后，再将活塞杆提上来装操作架），用适当方法加以固定，然后与转轮体一起翻身并置于支架上，调好转轮体的水平。为便于清扫活塞缸及安装U型橡皮盘根等，活塞暂不宜装。

将转臂吊挂在安装位置上，找好中心。吊起带枢轴的叶片，按编号插入转轮体和转臂的轴孔中，如图2-42。装上连杆与叉头的组合体。装上连接体，再装操作架并与叉头连接。装事先经过研磨的导向键并调整其间隙，应左右均匀，然后拧紧紧固螺钉。用桥机拉，检查叶片转动是否灵活。如叶片转动灵活，即可将导向键点焊固定和对传动机构中的螺母、轴销进行锁定。最后装上下端盖。

翻转转轮，装上U型橡皮圈，再装上活塞。测量活塞四周的间隙应均匀。最后装上试验盖，准备作转轮油压试验。

（二）转轮吊装

转轮组装完毕经油压试验合格之后，即可进行转轮的正式安装。转轮吊入机坑后，需利用悬吊工具挂住转轮，并进行对转轮的高程、水平和中心的调整工作，如图2-43所示。

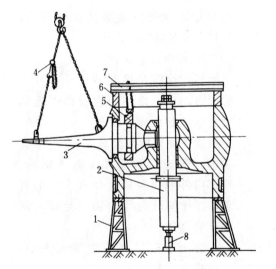

图2-42 有操作架转轮组装

1—支架；2—活塞杆；3—叶片；4—导链；
5—转臂；6—加高块；7—钢梁；8—千斤顶

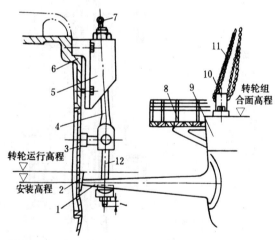

图2-43 转桨式水轮机转轮安装

1—叶片；2—楔子板；3—转轮室；4—长吊杆；
5—悬臂；6—支承环；7—吊攀；8—安装平台；
9—转轮；10—吊环；11—钢丝绳；12—短吊杆

转轮吊入机坑的安装高程应比设计高程低些，以免发电机主轴吊入安装就位时，其止口与水轮机轴头相碰。一般将转轮的安装高程转换到转轮与主轴连接的组合面上，以便用水准仪进行高程测量。

转轮的水平，用方形水平仪也是在转轮组合面上测量。调整量较大时，应吊起转轮，用手扳动短吊杆的螺母来调整；调整量不大时，可用专用扳手扳动长吊杆上的螺母来调整。其水平度偏差要求不大于 0.1mm/m。

转轮的中心，是按转轮叶片与转轮室之间隙来调整的。用硬木制成的楔形塞规和外径千分尺测量，用钢制的楔子板打入间隙内进行调整。其间隙偏差不应超过设计间隙的 20%。

转轮的高程、水平和中心经调整符合要求之后，应在每只叶片上再打入两只楔子板，使转轮中心定位。

三、主轴、操作油管和受油器安装

1. 主轴安装

转桨式水轮机主轴与混流式水轮机主轴不同之处是主轴内有操作油管，有的主轴带转轮盖。对于主轴与转轮盖分开的结构，则应先将主轴与转轮盖连接，然后再一起跟转轮体连接；或先将连轴螺栓按编号穿入转轮盖的螺孔内，下部用钢板封堵，待密封渗漏试验合格后，再将主轴与转轮盖连接。

2. 操作油管安装

操作油管是控制转轮叶片开度的压力油管，由不同管径的无缝钢管套在一起组成，如图 2-44 所示。一般按主轴分段数分成 2～3 段。安装前。先进行预组装，耐压试验，检查内外腔以及结合面有无渗油现象。操作油管的导向轴颈与轴瓦的配合应符合要求。

为便于把操作油管插入主轴，一般是在主轴与转轮盖连接后，就将操作油管插入主轴内，同主轴一起吊入机坑安装，如图 2-45 所示。安装时，先使下操作油管与活塞杆连接，再进行转轮盖与转轮体连接。中、上操作油管应配合发电机和受油器的安装逐步进行。

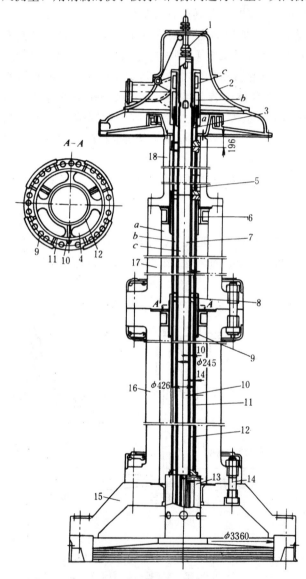

图 2-44 操作油管图（单位：mm）

1—恢复轴承；2—受油器；3—内油管；4—外油管；5—上操作油管；6—上导向轴瓦；7—中操作油管；8—操作油管法兰；9—导向轴颈；10—支持螺钉；11—下操作油管外油管；12—下操作油管内油管；13—活塞杆；14—连接螺栓；15—转轮盖；16—水轮机主轴；17—发电机主轴；18—发电机小轴

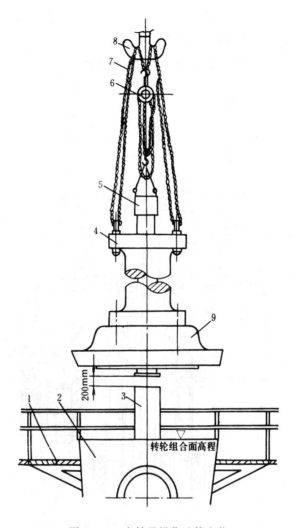

图 2-45　主轴及操作油管安装

1—安装平台；2—转轮体；3—活塞杆；4—主轴；

5—下操作油管；6—导链；7—钢丝绳；

8—桥机主构；9—转轮盖

3. 受油器安装

受油器一般安装在机组的最上端。在安装受油器前，应检查上、中、下轴瓦的同轴度，可将受油器体倒置并调整好其水平，再将内、外操作油管倒插入轴瓦孔内，根据其配合间隙的要求，可用刮刀修刮上、中、下轴瓦。为了确保轴瓦安全运行，其配合间隙应适当扩大。

安装时，受油器操作油管与上操作油管连接后，要进行盘车找正，并测量其摆度值。如果摆度超过受油器轴瓦的总间隙时，常会引起烧瓦，可在受油器操作油管与上操作油管之间的连接面中垫入不同厚度的紫铜片或刮削紫铜垫片的方法来进行调整。

如果采用浮动瓦式受油器，如图2-46，由于上、中、下轴瓦在径向可自行调整（调

53

整范围为 2mm），而圆周方向则用限位螺钉防止轴瓦切向转动，轴瓦与内、外油管的配合间隙均较小，在运行中有助于各轴瓦漏油量的减少。

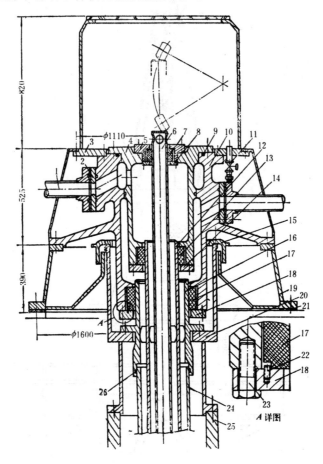

图 2-46　浮动瓦式受油器结构（单位：mm）

1—压力油管；2—节流板；3—受油器顶筒；4—中轴瓦座；5—上轴瓦座；6—回油管；7—上轴瓦；
8—上压板；9—止漏盘根；10—下轴瓦座；11—排气阀；12—内油管；13—中轴瓦；
14—中压板；15—甩油盆盖；16—外油管；17—下轴瓦；18—下压板；19—受油器
底座；20—甩油盆；21—绝缘板；22—限位螺钉；23—压板螺钉；
24—受油器操作油管；25—发电机小轴；26—止漏盘根

复 习 思 考 题

1. 混流式水轮机由哪些部分组成？各部分的结构与作用？
2. 混流式水轮机的一般安装程序。
3. 尾水管里衬安装前应做哪些准备工作？
4. 尾水管里衬吊入机坑后，其中心和高程是怎样进行测量和调整的？
5. 座环安装就位后，怎样进行中心、高程、水平的测量和调整？
6. 怎样进行锥形管的安装？

7. 单节蜗壳拼装完之后，应进行哪些项目的测量工作？

8. 怎样进行蜗壳定位节的挂装？

9. 蜗壳凑合节制作的三种方法是什么？哪种方法常用，为什么？

10. 怎样进行蜗壳纵缝、环缝、蝶形边焊缝的焊接工作？

11. 座环混凝土养生合格后，导水机构预装前，怎样进行水轮机中心的确定？

12. 怎样进行下部固定止漏环的预装定位工作？

13. 怎样进行底环、导叶、顶盖、套筒的预装定位工作？

14. 照图 2-24 说明水轮机、发电机各环形部件的找中心方法？

15. 怎样进行主轴与转轮的连接工作？

16. 怎样进行转轮上下止漏环的测圆和磨圆？

17. 转动部分吊入机坑后，怎样进行找正？

18. 导水机构安装的主要技术要求是什么？

19. 怎样进行导叶端、立面间隙的测量和调整？

20. 什么叫压紧行程？调压紧行程的目的？怎样调压紧行程？

21. 在什么样情况下进行水轮机与发电机的主轴连接？怎样进行连接？

22. 怎样进行水导轴承应调间隙的计算？

23. 怎样进行水导轴承间隙的测量与调整？

24. 轴流转桨式水轮机分件座环的安装方法。

25. 轴流转桨式水轮机无操作架转轮组合的一般程序。

26. 轴流转桨式水轮机转轮吊入机坑后，怎样进行高程、水平、中心的测量与调整？

27. 怎样进行转桨式水轮机主轴、操作油管、受油器的安装工作？

第三章 水轮发电机安装

第一节 概　述

一、水轮发电机的型式和结构

（一）型式

1. 按布置方式的不同分类

水轮发电机可分为卧式和立式两种。卧式水轮发电机适合配用中小型、贯流式及冲击式水轮机。一般低、中速的大、中型机组多采用立式发电机。

2. 按推力轴承位置的不同分类

立式发电机又分为悬式和伞式两种。

推力轴承位于转子上方的发电机称为悬式发电机，如图3-1所示，它适用于转速在

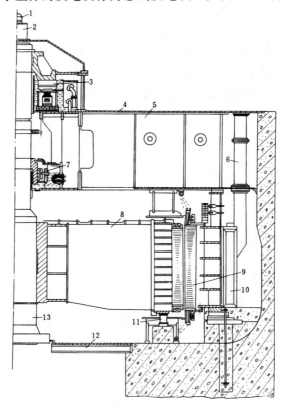

图3-1　SF300-48/1230悬式发电机

1—转速信号器；2—永磁机；3—推力轴承；4—上风洞盖板；5—上机架；6—暖风窗装置；
7—上导轴承；8—转子；9—定子；10—空气冷却器；11—制动器；12—下风洞盖板；13—主轴

100r/min 以上。其优点是推力轴承损耗小，装配方便，运转较稳定；缺点是机组高度较大，消费钢材多。

推力轴承位于转子下方的发电机称为伞式发电机，无上导的称为全伞式，有上导的称为半伞式，如图 3-2 和图 3-3 所示，它适用于转速在 150r/min 以下。其优点是机组高度低，可降低厂房高度，节省钢材；缺点是推力轴承损耗大，安装、检修、维护都不方便。

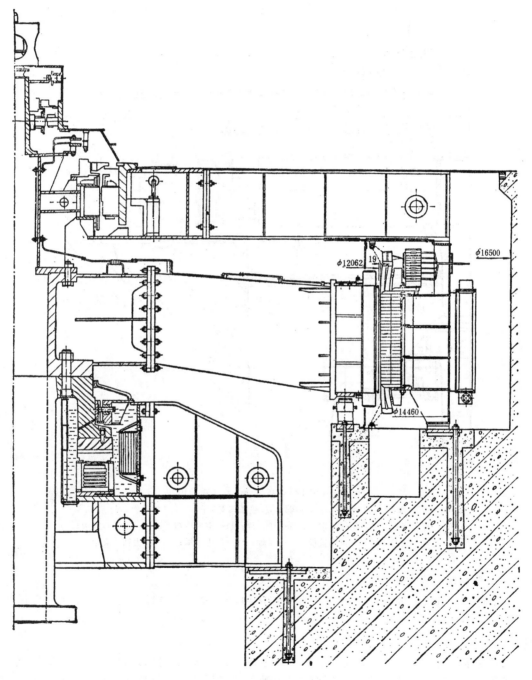

图 3-2 TS1280/150-68 全伞式发电机

57

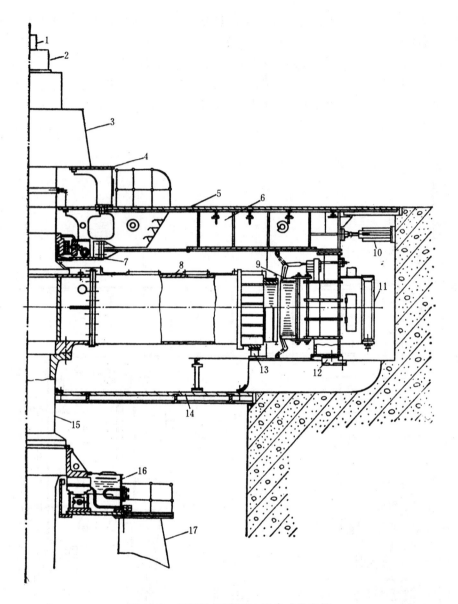

图 3-3 SF125-96/1560 半伞式发电机

1—转速信号器；2—永磁机；3—受油器；4—受油器支架；5—上风洞盖板；6—上机架；

7—上导轴承；8—转子；9—定子；10—千斤顶；11—空气冷却器；12—定子基础板；

13—制动器；14—下风洞盖板；15—主轴；16—推力轴承；17—推力轴承支架

3. 按冷却方式的不同分类

水轮发电机又可分为空气冷却和水冷却两种。目前，空气冷却的水轮发电机应用较广泛。

（二）结构

立式水轮发电机主要包括定子、转子、上机架、下机架、推力轴承、导轴承、空气冷却器和永磁机等。下面就转子、定子和推力轴承三部分结构加以简介。

1. 转子

发电机转子由主轴、轮毂、轮臂、磁轭、端压板、风扇、磁极、制动闸板等组成，如图 3-4 所示。

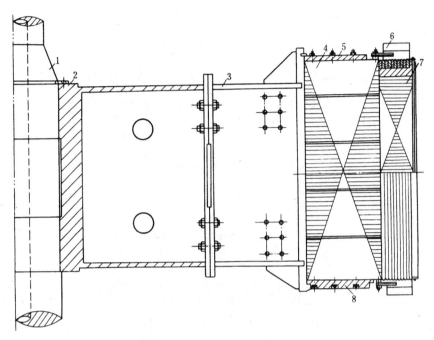

图 3-4 转子剖视图

1—主轴；2—轮毂；3—转臂；4—磁轭；5—端压板；6—风扇；7—磁极；8—制动闸板

主轴是用来传递转矩，并承受转动部分的轴向力，通常用高强度钢整体锻成，或由铸造的法兰与锻造的轴筒拼焊而成；轮毂是主轴与轮臂之间的连接件；轮臂是用来固定磁轭并传递扭矩的，大、中型机组的轮臂一般为焊接结构；磁轭的主要作用是产生转动惯量和挂装磁极，同时也是磁路的一部分，直径小于 4m 的磁轭可用铸钢或整圆的厚钢板组成，大于 4m 时则由 3~5mm 的钢板冲片叠成一整圆，用键固定在轮臂外端；磁极是产生磁场的主要部件，由磁极铁芯、励磁线圈和阻尼绕组三部分组成，并用"T"形结构固定在磁轭上。

2. 定子

发电机的定子由机座、铁芯、线圈等部件组成，如图 3-5 所示。

机座是用来固定铁芯的，对于悬式发电机，机座又承受转动部分的所有重量；铁芯是发电机磁路的一部分；线圈则形成发电机的电路。

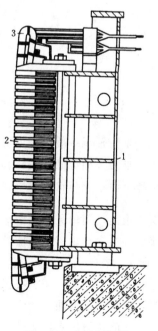

图 3-5 定子剖视图

1—机座；2—铁芯；3—线圈

3. 推力轴承

推力轴承要承受水轮发电机组转动部分的全部重量及轴向水推力，并把这些力传递给荷重机架。

目前常用的推力轴承有以下三种结构形式，①刚性支柱式推力轴承，如图3-6所示；②液压支柱式推力轴承，如图3-7所示；③平衡块支柱式推力轴承，如图3-8所示。

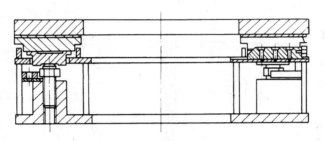

图3-6　刚性支柱式推力轴承

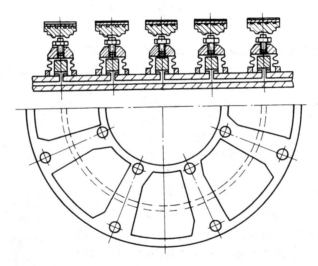

图3-7　液压支柱式推力轴承

推力轴承一般由推力头、镜板、推力瓦、轴承座及油槽等部件组成。

推力头用键固定在转轴上随轴旋转，一般为铸钢件。在伞式发电机中也有直接固定在轮毂下面，或与轮毂铸成整体的；镜板固定在推力头下面，用钢铸成，镜板的材料和加工要求很高，与轴瓦摩擦的表面其表面粗糙度为 $\overset{0.2}{\nabla} \sim \overset{0.1}{\nabla}$，近来有些机组已取消镜板，直接由推力头与轴瓦相摩擦；推力瓦为推力轴承中的静止部件，做成扇形分块式，如图3-9所示，在推力瓦钢坯上浇铸一层锡基轴承合金，一般厚约5mm，推力瓦的底部有托盘，可使瓦受力均匀，减少机械变形，托盘安放在支柱螺栓球面上，使其在运行中可以自由倾斜，以形成楔形油膜。

目前在液压支柱式推力轴承中，普遍采用薄形推力轴承结构，它将厚瓦分成薄瓦及托瓦两部分，如图3-10所示。这样有利于薄瓦散热，并使受力均匀，大大降低了推力瓦的

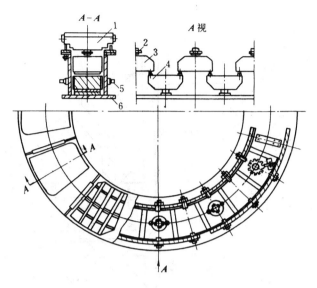

图 3-8　平衡块支柱式推力轴承

1—推力瓦；2—支柱螺栓；3—上平衡块；

4—下平衡块；5—定位销；6—底座

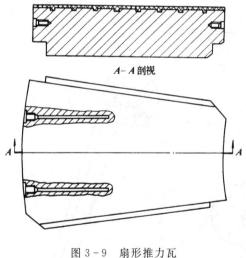

图 3-9　扇形推力瓦

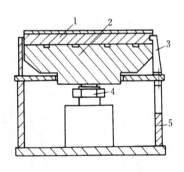

图 3-10　薄形推力瓦

1—薄瓦；2—托瓦；3—外侧挡块；

4—支柱螺栓；5—轴承座

热变形和机械变形。

　　对于起动频繁的水泵水轮发电机和单位荷重较大的推力瓦，还在轴承中专门设置了液压减载装置，液压减载推力瓦，如图 3-11 所示。机组起动前、起动过程中以及停机过程中，不断向推力瓦油槽孔中打入高压油，使转动部件略微抬高，镜板与推力瓦间形成约0.04mm 左右的高压油膜，以改善起动润滑条件，降低摩擦系数，减少摩擦损耗，提高推力瓦的工作可靠性。

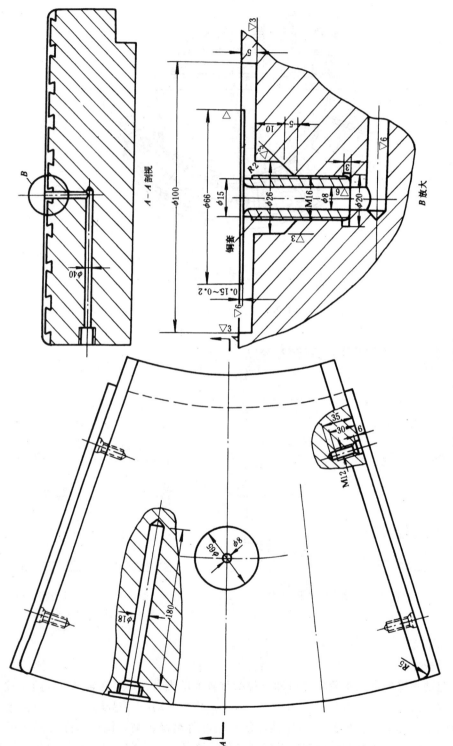

图 3－11　液压减载推力瓦

大型水轮发电机的推力轴承，其负荷、直径和损耗都相当大，故有时采用双排推力瓦结构，如图3-12所示。

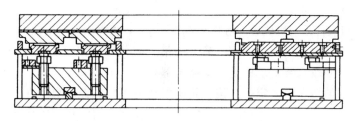

图3-12　双排推力瓦

二、水轮发电机的安装程序

水轮发电机的安装程序随土建进度，机组型式，设备到货情况及场地布置的不同有所不同，但基本原则是一致的。一般施工组织中，应尽量考虑到跟土建及水轮机安装进程的平行交叉作业，充分利用现有场地及施工设备进行大件预组装，然后把已组装好的大件按顺序分别吊入机坑进行正式安装，从而加快施工进度。下面介绍悬式水轮发电机的一般安装程序，如图3-13所示。

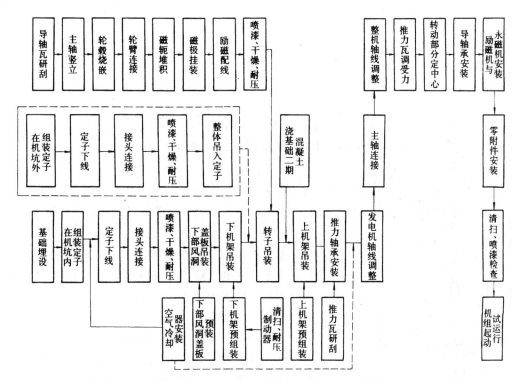

图3-13　悬式水轮发电机的一般安装程序

（1）预埋下部风洞盖板、下机架及定子基础垫板。目前有些安装单位常把下机架、定子的基础板、楔子板、基础垫板用螺栓分别把在下机架和定子上，与下机架、定子一起进行安装找正后浇注混凝土。这样即加快了安装进度，又保证了安装质量。

（2）在定子基础坑内组装定子并下线、干燥、耐压试验，安装空气冷却器等。为了减少与土建及水轮机安装的相互干扰，也可在机坑外进行定子组装、下线，待下机架吊装后，将定子整体吊入找正。

（3）待水轮机大件吊入机坑后，吊装下部风洞盖板，根据水轮机主轴中心进行找正固定。

（4）把已组装好的下机架，按 X、Y 方向吊入就位，根据水轮机主轴中心找正固定，浇捣基础混凝土。并按总装要求调整制动器顶部高程。

（5）把组装好的转子吊入定子，按水轮机主轴中心、高程、水平进行调整。

（6）把已组装好的上机架吊放在定子机座上，按定位销钉孔位置将上机架固定。

（7）安装推力轴承，将转子落在推力轴承上。

（8）进行发电机轴线的测量与调整。

（9）连接水轮机和发电机主轴。

（10）进行机组总轴线的测量与调整。

（11）推力瓦受力调整，按水轮机止漏环间隙和发电机的空气间隙把转动部分调至中心。

（12）安装导轴承、油槽等，配装油、水、气管路。

（13）安装励磁机和永磁机。

（14）安装其他零部件。

（15）进行全面清理、喷漆、干燥。

（16）进行机组起动试运行。

第二节　发电机转子组装

水轮发电机转子，由于运输尺寸的限制，一般将主轴、轮毂（辐）、轮臂、磁轭铁片、磁极等零部件分件运往工地组装，水轮发电机转子组装有以下主要工作。

一、磁轭铁片清洗分类

磁轭铁片清洗分类的目的，是为了尽可能地保证转子磁轭片间的密实性和对角重量的平衡性，从而提高转子运行的可靠性和稳定性。

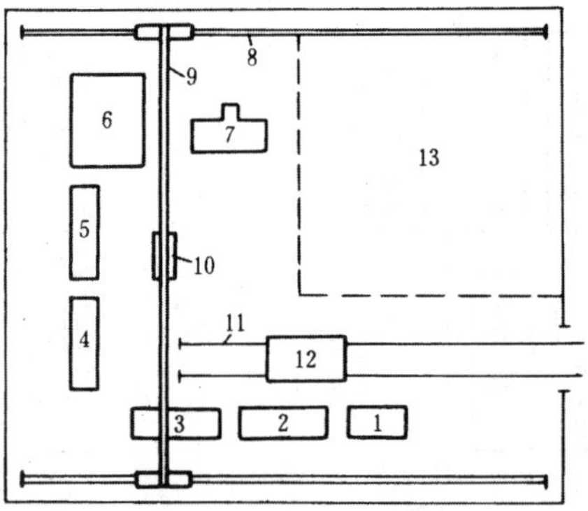

铁片清洗分类大致可分为去锈、除刺、擦干、过秤、分类等几道工序。图 3-14 为一台大型水轮发电机铁片清洗分类场地布置图，它的工作程序如下所述：

1. 去锈

将铁片抬放在滚轮支架 1 上，并用人力推入电动双面钢丝除锈机 2。当铁片推入电动双面钢丝除锈机第一组夹辊时，夹辊即夹带铁片自动向前输入，由双面钢丝刷辊进行双面刷洗。当铁片自动输入到端头时，自动或手动操作双向离合器，使所有夹辊反转，把铁片朝反方向拖回，进行双面再刷洗。如此反复 3～5 次，铁片两面锈

图 3-14　铁片清洗分类场地布置

1、3、4、5—滚轮支架；2—电动双面钢丝除锈机；6—滚轮翻转支架；7—磅秤；8—单梁桥机轨道；9—单梁桥机；10—电动葫芦；11—台车轨道；12—运输台车；13—分类场地

蚀及污垢被刷净。最后使铁片从前方吐出，存放于滚轮支架 3 上。

2. 除刺

把从除锈机吐出的铁片拉到滚轮支架 4 上，用锉刀除掉螺孔周围和铁片四周的毛刺，然后用汽油抹布将上表面擦洗干净，并将铁片翻身，推入滚轮支架 5。用同样方法除去另一面的毛刺和残存的锈污，并将它推入滚轮翻转支架 6 的左侧。

3. 擦干

用洁净破布将铁片上表面擦干，然后用滚轮翻转支架将铁片翻转到滚轮翻转支架 6 的右侧，擦干另一面。

4. 过秤

把擦干并经过检查合格的铁片，抬到磅秤 7 上进行过秤，用粉笔将自重标写在该铁片上。

5. 分类

秤好的铁片按类堆放。铁片分类秤重的精度根据发电机转速不同按表 3-1 进行。每类铁片堆放处应挂牌标示。堆放时，用破布擦去粉笔字，铁片冲面一律朝下。每堆达到适当高度时，用穿心螺杆夹紧，绑上该堆分类标牌运往存放处。

表 3-1	铁片分类要求	(kg)
每张磁轭冲片重量	每组相隔重量不超过
<20	0.2
20～40	0.3
>40	0.4

当机组转速低于 100r/min 时，如果磁轭冲片质量较好，厚薄又较均匀，可不进行过秤分类，进行任意堆积。

二、轮毂烧嵌

目前我国水轮发电机主轴与轮毂（辐）的连接大都采用热套过盈配合的方式来传递扭矩。实践证明，这种结构既简单又经济。

轮毂烧嵌就是把实际尺寸小于主轴直径的轮毂轴孔，经加热膨胀达到适当间隙后，热套在发电机主轴上的工艺过程。

轮毂烧嵌有两种方式：①轮毂套轴；②轴插轮毂。一般多采用轮毂套轴的方式；只有在转子组合基础尚未交付使用或采用轮毂套轴时起吊高度不够的情况下，才考虑采用轴插轮毂的方式。

（一）烧嵌前的准备

1. 配合过盈的测量

为了确保烧嵌工作的顺利进行和运行的安全可靠，烧嵌前必须对其配合尺寸进行细致而准确的测量，以判断实际过盈是否符合图纸和配合公差的要求，其测量部位及测量记录分别示于图 3-15 及表 3-2 中。

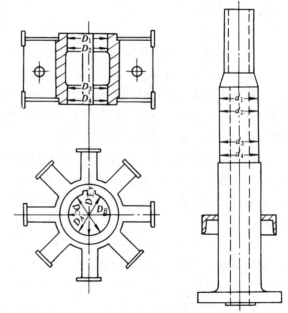

图 3-15　主轴与轮毂配合尺寸测量

65

表 3 - 2　　　　　　　　　　　　　　主轴与轮毂配合尺寸测量记录

测量断面	A 方向			B 方向			C 方向		
一号断面	d_{1A}	D_{1A}	$d_{1A}-D_{1A}$	d_{1B}	D_{1B}	$d_{1B}-D_{1B}$	d_{1C}	D_{1C}	$d_{1C}-D_{1C}$
二号断面	d_{2A}	D_{2A}	$d_{2A}-D_{2A}$	d_{2B}	D_{2B}	$d_{2B}-D_{2B}$	d_{2C}	D_{2C}	$d_{2C}-D_{2C}$
三号断面	d_{3A}	D_{3A}	$d_{3A}-D_{3A}$	d_{3B}	D_{3B}	$d_{3B}-D_{3B}$	d_{3C}	D_{3C}	$d_{3C}-D_{3C}$
四号断面	d_{4A}	D_{4A}	$d_{4A}-D_{4A}$	d_{4B}	D_{4B}	$d_{4B}-D_{4B}$	d_{4C}	D_{4C}	$d_{4C}-D_{4C}$

2. 轮毂膨胀量和加热温度计算

（1）膨胀量计算：该值一般情况下由制造厂给出。如制造厂未给出时，可按下式进行计算

$$K = \Delta_{max} + (1.5 \sim 2mm) \qquad (3-1)$$

式中　　K——轮毂内孔所需要的膨胀量，mm；

　　　　Δ_{max}——根据表 3 - 2 计算出的最大过盈值，mm；

1.5～2mm——考虑起吊过程中轴孔收缩和套轴时所需要的间隙值。

（2）加热温度计算：轮毂最高加热温度

$$T_{max} = \Delta T + T_0 \qquad (3-2)$$

式中　　T_{max}——最高加热温度，℃；

　　　　ΔT——轮毂加热温升，℃；

$$\Delta T = \frac{K}{\alpha D}$$

其中　　α——轮毂膨胀系数，钢材 $\alpha = 11 \times 10^{-6}$；

　　　　D——轮毂标称直径，mm；

　　　　T_0——室温，℃。

3. 主轴竖立

主轴竖立前，应将各部导轴瓦研刮完毕，并用小直径的研磨平台对法兰结合面进行检查，用刮刀和油石进行修磨，除去毛刺和个别高点。

为便于主轴垂直度调整和保护法兰面不受损坏，需在主轴竖立支持基础台上垫一层厚约 20mm 的木板垫圈。垫圈的内外径均应比法兰止口及外径大 10mm 左右。垫圈上再加一层电工纸，纸上涂一层凡士林油防腐脂。

上述工作就绪后，将主轴竖立吊放在基础台上，拧上组合螺母。在法兰上平面或导轴领处，用方形水平仪测主轴垂直，边测量边拧紧法兰组合螺母，使木板垫圈压缩，以此调整主轴垂直。当调节不够时，才用组合面加电工纸垫来满足，使主轴垂直误差在 0.1mm/m 以内。

4. 轮毂加温场地布置

轮毂加温通常是用电炉配合铁损加热法进行的。加温前用桥机大钩通过四个导链将轮毂吊放在加温场地事先放好的四个支墩或千斤顶上（上部桥机仍为主要受力点），用导链调整水平，使其误差在 0.1mm/m 以内。轮毂与支墩间应垫以石棉布（板），以防止轮毂接地。在轮毂外表面包以石棉布，在石棉布外缠绕加温用的激磁绕组，匝间保持 10～

20mm 左右的距离，按轮毂套轴时吊起高度确定电源引线的长度。

把绕好线的轮毂安置在可拆卸的特制保温箱内。保温箱顶留有活动孔门，内壁铺两层石棉纸作绝热层，内表面再钉上一层薄铁皮，保温箱的合缝处须垫石棉纸（布）隔开，以防四壁铁皮形成涡流而发热起火。为使保温箱内温度大致均匀，可在轮毂底部和孔中适当增放电炉，以便进行辅助调节加热，如图 3－16 所示。

如果轮毂的加热温度低于 80℃时，可不用特制保温箱，只需用石棉布或篷布将轮毂覆盖保温即可。

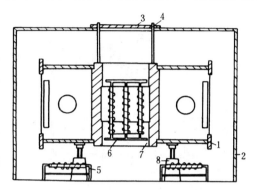

图 3－16　轮毂加温场地布置
1—轮毂；2—保温箱；3—轴孔盖；
4—测量杆；5—底部电热；6—轴孔电热；
7—电阻测温计；8—千斤顶

（二）轮毂加温

上述准备工作就绪后，可合闸向激磁绕组通入工频交流电。轮毂加温时应注意：

（1）先由感应绕组加热，温升速度控制在 15℃/h 之内，使其缓慢均匀加热。温升速度过高时，可以断续切开电源进行调节。

（2）当温度达到 100℃以上时，可根据内部上下温差情况，适当加入底部电热。当达到 150℃以上时，可将孔内电热及底部电热全部加入，使温度很快上升。

（3）每小时测一次绕组电流、温度及轮毂内孔膨胀量。

（4）保温箱内温度在 100℃以下，如需进入内部检查时，要由两人共同执行，以便互相监护，防止触电及烫伤。箱内温度高于 100℃时，应禁止入内。

（5）加热过程中，保温箱四周要有足够的消防设备，并有专人值班监护，以防着火。

（6）温度升到计算值后，保持两小时，使轮毂体温尽量趋于均匀和稳定，然后复查轴孔的实际膨胀量。只有实际膨胀量达到要求后，才可以进行套轴。

（三）轮毂套轴

当实际膨胀量达到要求后，打开保温箱轴孔盖，拆除轴孔内的电热和测温计，把轮毂连同保温箱一起吊起来，用长把钢丝刷将轴孔刷一遍，然后吊到主轴上空找正中心，切断绕组电源，进行套轴。当平键进入槽时，应再次校正中心，缓缓入槽，待平键入槽 1/4 后，剪掉临时固定键的铁丝，使轮毂连续快速下降，直到落在主轴止口上为止。

套装完毕后，仍控制降温速度，使其温降速度不大于 20℃/h。温降过快时，可断续地合上绕组电源来调节之，待到室温后，拆除保温箱。

三、轮臂连接

这一工序待轮毂烧嵌后，在转子组装场地进行。清除轮毂与轮臂结合面的防锈漆、锈蚀及毛刺。按厂家编号和轮臂自重进行连接，以便考虑综合平衡。待所有轮臂初步把合后，应检查以下各项：

（1）用 0.05mm 的塞尺检查各组合缝间隙，应通不过。局部间隙不超过 0.1mm，深度不大于组合缝宽度的 1/3，总长度不大于组合缝周长的 20%。

（2）用线锤检查键槽径向及切向倾斜度，不应大于 0.3mm/m。

（3）用测圆架和百分表检查轮臂外圆和锥度，如图 3-17 所示，其半径相对误差不应大于 1mm。

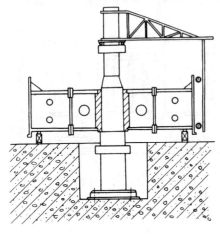

图 3-17　轮臂外圆及锥度测量

（4）用内径千分尺检查相邻轮臂键槽之弦长，其相对误差不大于 0.8mm。

（5）用水准仪检查轮臂外侧下端挂钩高程差，不应大于 1mm；也可用测圆架和百分表法测量。

上述各项符合要求后，拧紧所有组合螺栓，并将螺母点焊固定。

这种结构几何尺寸容易保证，一般不需要处理。唯有合缝间隙，由于机械和时效变形，或加工不良等原因，往往不易满足要求。这时需拆下轮臂，用砂轮机或锉刀把高点除掉后再行把合，直至合格。

四、磁轭铁片堆积

大型水轮发电机在运行中其磁极和磁轭所产生的离心力近百吨，这样巨大的离心力将由磁轭来承受，因此要求磁轭铁片堆积时应有足够的整体性和密实性，不允许有微小的位移和松动，以防运行时发生磁轭外侧下坍、整体滑动及下沉等不良现象。

1. 堆积前的准备

（1）清洗压紧螺杆，检查螺杆尺寸，配带双头螺母。

（2）清洗磁轭大键，进行刮研配对和试装，合格后打上编号，捆绑在一起。

（3）在磁轭堆积底部放置钢支墩，在支墩上放好楔子板，并初步找好高程。

（4）将下端板按图纸规定放在支墩上，以轮臂挂钩和键槽为标准，找正下端压板的方位、标高和水平，并使它紧靠轮臂外圆；无下端板的，可按规定先把制动闸板安放在支墩上。

（5）在轮臂键槽中放入较厚的一根磁轭大键，大头朝下，配合面朝里，下端与槽口齐平，用千斤顶支承，上端用白布封塞，以防杂物掉入。

（6）在已找正的下端压板（或制动闸板）上，堆一层同类重的普通铁片，紧靠轮臂外圆。检查下端压板（或制动闸板）和铁片的各种孔是否一致，并以移动和修理下端压板（或制动闸板）各孔的方法使其各孔和铁片冲孔完全吻合。

上述工作完成后，再继续堆叠 4～6 层铁片，铁片接缝应朝同一方向顺次错开图纸规定的极距位置，然后穿入每张冲片不少于 3 根的永久压紧螺杆来定位。若有定位销时，则用定位销钉代替定位螺杆。定位螺杆要均匀分布于整个磁轭的圆周上。靠磁轭键的地方最好不放定位螺杆，以减少压紧阻力，定位螺杆分布，如图 3-18 所示。

为防止定位螺杆下落，其下端头应用螺旋千斤顶作支承，螺杆下端螺母要带上，并与螺杆的下端头齐平。

铁片堆积前，根据图纸尺寸及各类铁片的平均厚度，推算出各铁片段的层数，按此层

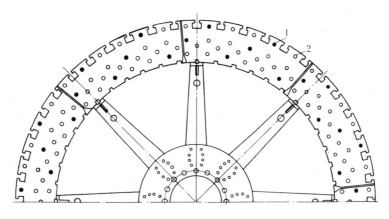

图 3-18　定位螺杆分布图
1—定位螺杆；2—压紧螺杆孔

数计算出通风沟、弹簧槽及小"T"尾槽等的位置。

每层铁片的重量应是同一类的，当同类铁片不足布置一周时，允许搭配重量接近的另一类铁片，但两类铁片必须按平衡要求对称堆放。应尽可能将单张较重，张数较多的一类铁片，堆积在下层。

按上述要求编制出铁片堆积指示表，以利于堆积工作的进行。表3-3即为某电站一台中型水轮发电机转子磁轭铁片堆积指示表的实例。

表 3-3　　　　　　　　　铁 片 堆 积 指 示 表

图纸设计尺寸 (mm)	按叠压系数折算尺寸 (mm)	铁片分类重 (kg)	单张铁片平均厚度 (mm)	该类铁片堆入层数	该类铁片累计尺寸 (mm)	本段预计堆积尺寸 (mm)	本段铁片堆积误差 (mm)
四段　300	294	16.8～17.0	2.81	36	101.2	296.2	+2.2
		16.5～16.7	2.77	28	77.6		
		16.2～16.4	2.75	11	30.3		
		18.9～19.1	3.71	13	48.2		
		19.5～19.7	3.24	12	38.9		
通风沟　43	43						
三段　372	365	19.2～19.4	3.25	18	58.5	366.7	+1.7
		18.3～18.5	3.06	41	125.5		
		18.0～18.2	3.15	58	182.7		
通风沟　43	43						
二段　372	365	17.7～17.9	2.98	64	190.7	364.7	−0.3
		17.4～17.6	2.90	60	174.0		
通风沟　43	43						
一段　297	291	18.6～18.8	3.09	29	89.6	292.7	+1.7
		17.1～17.3	2.86	71	203.1		

2. 铁片堆积

按铁片堆积指示表，用人力将铁片一张一张抬起穿入定位螺杆或定位销钉之后，用木

69

锤将铁片打下，擦除铁片两面尘土，并用铜锤将其向里打靠。在堆积通风沟铁片时，要特别注意导风条的位置，应使短导风条位于轮臂旋转方向的前侧，以免影响通风。

为了减轻工人们的劳动强度，某些安装单位自制了铁片堆积机，用来代替人力堆积。

3. 铁片压紧

磁轭铁片分段压紧高度，应视压紧力及其阻力的大小而定。用永久螺杆定位时，一次压紧高度控制在 $600\sim800$mm 之间。若用定位销钉定位，每段压紧高度可达 1000mm。根据制造厂要求也可一次压紧。

铁片压紧常用的方法是用辅助螺杆及套管压紧，如图 3-19 所示。压紧时穿入辅助螺杆的总数，一般为全部螺孔的 1/2。必要时可在轮臂附近多加几根，以增加该处的压紧力。

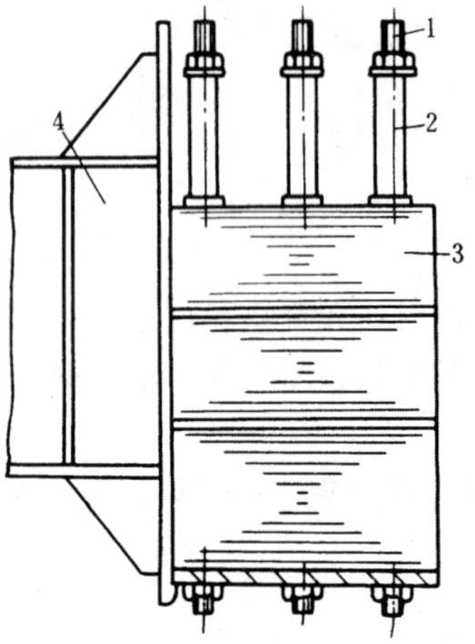

图 3-19 用辅助螺杆及套管
压紧磁轭铁片
1—辅助螺杆；2—套管；
3—铁片；4—轮臂

用辅助螺杆压紧时，要对称顺一个方向逐次拧紧，先紧里圈。每次螺母拧紧角度最好不大于 $120°$，以免产生过大的波浪度。压紧过程中，要经常检查磁轭下平面的水平情况，如内外不平或离开轮臂挂钩，应予以调整。

铁片的压紧程度，通常用叠压系数来衡量，叠压系数不得小于 99%。其计算方法有两种。

(1) 用实际堆积重与计算堆积重之比计算叠压系数

$$K=\frac{G\times100}{FnH\gamma}\% \tag{3-3}$$

式中　G——实际堆积铁片的全部自重，kg；

F——每张铁片净面积，cm^2；

n——每圈铁片张数；

H——压紧后的铁片平均高度（不包括通风沟高），cm；

γ——铁片比重，可取 $7.85\times10^{-3}kg/cm^3$。

如果该铁片是由不同形状的铁片组成时（如有弹簧槽，小"T"尾槽等），则应分别计算

$$K=\frac{G_1+G_2+G_3+\cdots+G_n}{(F_1H_1+F_2H_2+F_3H_3+\cdots+F_nH_n)n\cdot\gamma}\times100\% \tag{3-4}$$

式中　G_1、G_2、$\cdots$、G_n——各种不同形状铁片的实际堆积自重，kg；

F_1、F_2、$\cdots$、F_n——各种不同形状铁片的净面积，cm^2；

H_1、H_2、$\cdots$、H_n——各种不同形状铁片的实际堆积高度，cm。

(2) 用计算平均高度与压紧后实际平均高度之比计算叠压系数

$$K=\frac{h_1n_1+h_2n_2+\cdots+h_nn_n}{H_{cp}}\times100\% \tag{3-5}$$

式中　　　H_{cp}——铁片各段压紧后的实际平均高度，cm；

h_1、h_2、$\cdots$、h_n——各类铁片的单张平均厚度，cm；

n_1、n_2、$\cdots$、n_n——相应各类铁片的堆积层数。

式（3-4）计算方法比较麻烦，但比式（3-5）计算方法精确。

各段压紧系数检查合格后，可用钢筋在已堆好的铁片段内外侧点焊拉紧，以防拆除压紧工具时弹起，造成下一段压紧工作的困难。

当磁轭全部堆积完毕并压紧后，要用铣刀冲铣所有压紧螺栓孔，边冲铣边换成永久压紧螺杆，直至换完为止，磁极"T"尾槽和磁轭键槽也要用专用铣刀冲铣或拉铣，使槽孔平齐。为保证磁轭与磁极的接触面平整，要用不短于1m的平板尺（也可用磁轭大键）进行检查，把高点磨平，使其满足接触要求。

五、磁极挂装

1. 检查与修理

磁极正式挂装前，应作必要的检查与修理。

（1）用平板尺检查磁极"T"尾是否平直，弯曲度超过1mm时，要用千斤顶校直。

（2）检查磁极背部与磁轭的接触面是否平整，端压板有无高出铁芯的地方，如不平或有高出的地方，应用砂轮机修磨。

（3）查看阻尼环是否有过大的弯曲和裂纹，必要时加热校正，对所有裂纹，哪怕是微小的裂纹，也要用银焊料进行补焊。

（4）用磁极线圈压紧工具把线圈压紧，如图3-20所示，检查线圈压板对铁芯的高低。有弹簧压紧结构的线圈，其压板与铁芯的平面误差允许为±1mm；无弹簧压紧结构的线圈，其压板比铁芯略高0.1～0.5mm，以便压紧磁极线圈。压板过高时，可用砂轮机磨薄压板，或刮薄压板下的电木板来调整；压板过低时，可在压板下夹粘相应厚度的电工纸来适应，以防磁极安装后线圈因不紧而产生振动，增加了机组运行中的杂音。

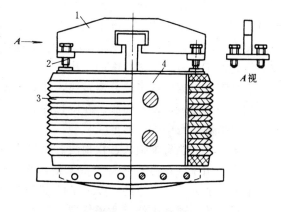

图3-20 磁极线圈压紧
1—压紧架；2—顶丝；3—磁极线圈；4—磁极铁芯

（5）观察磁极线圈与铁芯之间缝隙封闭物是否完整，有无掉入杂物。有怀疑时，需脱出线圈进行检查清理；然后装入，用绝缘混合物将缝隙封闭。

（6）整理磁极接头软片，必要时补挂焊锡。

除了作好上述检查与修理外，还应作必要的干燥和耐压试验。

2. 磁极挂装

除有引出线接头的首末两个磁极必须按励磁引出线位置挂装外，其余各磁极必须按极性和自重进行平衡编号，使其所在位置即符合极性间隔要求，又能满足对称重量平衡。它的对角重量之差、或1/4圆周重量之差、或1/8圆周重量之差，均不能大于2kg，即认为磁极本身已基本上做到了平衡。

有时，为了兼顾励磁引线及轮臂的偏重，有意识地将磁极挂装成偏重的，借以平衡励磁引线和轮臂的偏重。根据平衡后决定的位置，在每个磁极"T"尾上端面打上顺序编号，然后进行正式挂装。

磁极挂装时，用桥机和吊装工具将磁极按编号吊挂在安装位置上，底部用千斤顶支承，拆除吊装工具。有弹簧的，挂装前先把弹簧放入槽孔中，上面覆盖以铁皮衬垫条，以利于磁极顺利下落，到位后抽出衬垫条。

在磁极外表面上，用洋冲标出铁芯中心点。以主轴法兰为标准，把转子磁极设计中心点高程引到某一磁极外表面上，与铁芯中心点相重合，将该点作为基准点，用来确定测圆架顶针的高程，并以顶针为准调整每一个磁极的中心高程。

高程调好后，用大卡兰把磁极拉靠于磁轭上，投入配好对的磁极键，用大锤打紧，其紧度以双手摇动键尾，槽口搭配部分无较大的相对蠕动为合格。

当磁极键全部打紧后，用测圆架复测磁极的中心高程和外表面圆度。其高程误差不大于±2mm，圆度相对误差不大于设计空气间隙的±5mm。高程误差太大，应拔出键重调。圆度不合格，可在冷打磁轭大键时加以调整。

磁极挂装合格后，将键上端超长 200mm 以上部分割除，下端键头割平，对磁极键搭焊并点焊在磁轭上。焊磁极下端的定位挡块，装上磁极"T"尾的上盖板等，连好磁极接头与阻尼环的软接手。

六、热打磁轭键

随着大容量、高转速水轮发电机的出现，运行时磁轭受强大离心力作用而产生径向变形愈来愈显著。原来的冷打键方式已无法保证运行时的紧量，造成磁轭与轮臂的分离，这不仅使机组产生过大的摆度和振动，而且还会使轮臂挂钩因受冲击而断裂，造成严重事故。因此近年来多采用热打键的方法。

热打键是根据已选定的分离转速，计算磁轭径向变形增量，从而得出磁轭与轮臂的温差，然后加热磁轭，使其膨胀。在冷打键的基础上，再打入与其径向变形增量相等的预紧量，借以抵消运行中的变形增量。

磁轭加热方法有铜损法、铁损法、电热法与综合法等。

铜损法用于计算温差不大于 30℃ 的水轮发电机，这种方法是将已安装好的磁极绕组串联起来，通入额定电流的 50%～70% 进行加热。

铁损法是在磁轭上绕以激磁绕组，通入工频交流电激磁加热，用蓬布覆盖保温。

电热法即用特制的电炉或远红外线元件加热，以石棉布保温。

综合法即把上述任意两种方法结合使用。

冷打键完成后，在配对键的侧面用划针划一横线，作为热打键的起始线，并按磁轭大键斜面的斜率，计算出热打键的打入长度 L，在长键上再划一终止线。L 的计算公式为

$$L = \frac{K}{J} \tag{3-6}$$

式中　L——长键应打入长度，mm；

　　　K——热打键紧量，mm，通常由制造厂提供；

　　　J——磁轭大键斜率，通常为 1/200。

划完线后，开始加温，磁轭与轮臂的温差可按下式计算

$$\Delta t = \frac{K}{\alpha R} \tag{3-7}$$

式中 Δt——磁轭与轮臂之温差，℃；

$\quad\quad \alpha$——钢材的线膨胀系数，$\alpha = 11 \times 10^{-6}$；

$\quad\quad R$——轮臂的半径，mm。

待温差达到要求后，即可把长键对称的打入，直至长键上的终止线与短键上的起始线重合为止。

热打键完成之后，把大键多余长度割除，两键搭焊，再点焊于磁轭上。复查转子圆度，并做出最后记录。

七、静平衡计算

水轮发电机转子是由成千上万个零件组成的，这些零件大部分属于结构件，不可能保证其对称的平衡性。实践证明，这种静不平衡有时多达数百 kg。这些不平衡重的存在，往往是引起水轮发电机振动的主要原因。因此，在转子组装中，对几个具有决定意义的部件要经过称重，进行综合平衡是十分必要的。尤其对转速较高的发电机更是必不可少的。对发电机转子平衡起决定作用的零部件有：轮臂、磁极引线、磁轭铁片、磁极等。

由于同一种零件所处的重心半径是相等的，因此可以先把各零件对称重量之差分解到 x、y 坐标轴上，各自乘以该零件的重心所在半径，即成为各零件的不平衡重心矩。再把同坐标上各零件不平衡重心矩相加合成综合不平衡重心矩，并除以拟加配重处的半径，即得到综合不平衡重。

x 与 y 轴上综合不平衡重心矩之比，就是理论不平衡重与 x 轴的夹角的正切。配重应加在它的对面。计算方法如下：

需加平衡块配重

$$G = \frac{\sqrt{(\sum G_y r)^2 + (\sum G_x r)^2}}{r} \text{(kg)} \qquad (3-8)$$

式中 $\sum G_y r$——y 轴综合不平衡重心矩分量，kg·cm；

$\quad\quad \sum G_x r$——x 轴综合不平衡重心矩分量，kg·cm；

$\quad\quad r$——拟加配重处的重心半径，cm。

配重块与 x 轴的夹角

$$\alpha = 180° + \tan^{-1} \frac{\sum G_y r}{\sum G_x r} \qquad (3-9)$$

同理，也可用矢量作图法求平衡配重块的重量及夹角。即在同一张纸上以偏重为依据，将各零件的不平衡重按所处重心半径成比例放大后画在纸上，然后将各零件不平衡重心矩矢量合成为综合不平衡重心矩矢量图，再将其矢量除以拟加配重的半径，即得到综合不平衡偏重的大小和方向。配重应加在它的反方向，大小则与其相等。

转子及其他附件，如励磁机引线、磁极接头拉杆、阻尼接头及其拉杆、上下风扇等安装完后，必须进行全面清扫，认真细致地作全面检查。合格后，进行喷漆、干燥和耐压试验，整个转子组装即告结束。

八、关于发电机转子整体化问题的一些建议

最近由于国内外一些水轮发电机转子多次出现变形事件，甚至有的转子椭圆与定子相碰酿成重大事故。近来人们对改进大型水轮发电机转动部分的结构设计和安装工艺引起了

极大的兴趣。开始认识到发电机转子整体化和刚度对发电机运行的可靠性和稳定性至关重要。专家们对发电机转子整体化问题提出许多宝贵意见：

（1）关于磁轭组装问题。磁轭集中了转子2/3以上的重量，运转中经受巨大的离心力和惯性力。它由若干张3～4mm的钢片组成，磁轭的整体性对转子刚度起着决定性的作用，为了保证叠片的整体性和刚度，制造厂应保证冲片质量，不得有微小的翘角、毛刺、翘曲、厚薄不匀等。为增大片间接触面积，提高片间的单位压紧力到5～6MPa以上，建议取消通风槽板，因为其衬口环接触摩擦面很小，容易松动，衬口环下面的单位压力太高，容易使冲片变形。实际通风面积不大，这些都影响磁轭冲片的压紧度和整体性。

（2）采用粘结新工艺把冲片粘结成一整体。磁轭冲片工作强度不高，粘结面积大，对粘结强度要求不高，如粘结强度为2MPa，比不粘前摩擦系数为0.2的摩擦力大1倍（冲片单位压力为5MPa）。这种方法在国内外均有先例。采取把磁轭与转子支架从上到下全部焊死的办法是绝对可靠的。

（3）在设计上转子支架采用多层圆盘结构，实践证明其强度、刚度和整体性均比支臂结构安全、可靠。还可以利用支架风扇效应取消风扇，试验证明，这种风路系统效率高，风量分配均匀。

（4）过去的磁轭键只承受径向力不承受切向力，它是在磁轭处于热状态下打紧的，当运行时磁轭向外甩出，会使热打紧量消失而松动，在机组启动、停机或飞逸过程中，巨大的惯性力使磁轭与轮臂发生切向冲击而扭坏支架。所以在支架及磁轭间，除有径向键外还要设置切向键承受切向力。

（5）在安装过程中，冲片的错位搭叠面，应尽可能的大些，最少不小于一个极距，采用往复"之"字形叠片，可使搭接面往复错开，有利于螺孔对位和叠片垂直。必须分段压紧，检查压紧度时不能只考虑压紧系数，还应检查片间间隙。经验证明，磁轭经过运行之后，在各种力和热作用下，因冲片局部不平和翘角而使应力减小，必然导致运行中冲片松动向外甩出造成转子变形，应在72h试运行后，再紧一次螺杆，重打一次磁轭键，重配卡键。

第三节　发电机定子组装

由于运输条件的限制，当定子直径超过4m时，就需要分瓣制造，运往工地后再将分瓣的定子组合成一个整体。对于巨型定子，若分瓣运输仍有困难时，定子铁芯也可在工地叠装，定子机座可由制造厂分瓣到货在工地拼焊。

一、分瓣定子组合

分瓣定子组合时，首先要对定子合缝处进行平直度检查，对铁芯处的局部高点或毛刺应进行修整，并对定子合缝板及基础板组合面进行清理，去掉保护漆，进行预组装，检查合缝间隙。为节省时间，也可参照在制造厂内预装时的间隙记录，一次组合成功。

定子组合可在机坑内进行，也可在机坑外适当的地方组合、下线，然后再整体吊装就位。无论采用哪种方式，都可以先把定子的基础板、楔子板、基础垫板用临时螺栓组装在定子基础板的组合面上，如图3-21所示，和定子一起吊入机坑参加正式安装。这种方法，施工简单，精度也容易得到保证，还可以加快安装进度。当定子组合螺栓全部拧紧后，应对机座合缝板和铁芯合缝面的接触情况进行全面检查。用 0.05mm 塞尺测量，机座合缝板接触面应在 75% 以上，局部间隙不超过 0.2mm。铁芯合缝面应无间隙。

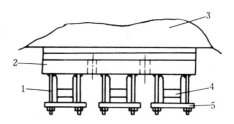

图 3-21　基础板、楔子板、
基础垫板组装图

1—临时组合螺栓；2—基础板；3—定子；
4—楔子板；5—基础垫板

若合缝板接触很差，应用研磨平台和刮刀进行研刮处理；局部间隙过大，也可以加金属垫弥补。如铁芯合缝局部有间隙，可加绝缘青壳纸；为避免运行时定子铁芯振动和发出噪音，有的在定子铁芯合缝处加一层浸透环氧树脂的涤纶毡。

组合成整体的定子，在嵌线之前，应进行一次圆度检查。坑内组合的定子，圆度检查的方法一般是挂线法。测量每个半径尺寸，求出平均值，要求每个半径与平均半径值的偏差应在设计空气间隙的 ±5% 以内。坑外组合的定子，可直接测量定子直径，并计算出椭圆度，其值应在设计空气间隙的 10% 以内。

定子合缝错位，可分纵向和径向两种。纵向错位主要影响定子水平；径向错位主要影响定子圆度，还影响合缝线槽的平整和合缝线圈的嵌放。对于过大的纵向错位，必须松开合缝组合螺栓，拔掉横向销钉，使铁芯合缝重新对正，再把组合螺栓拧紧，并重新钻配横向销钉；对径向错位的处理，应先松开合缝的组合螺栓，并拔出纵向销钉，用特制的刚性很大的调整架和千斤顶调整，如图 3-22 所示。

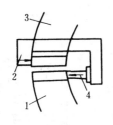

图 3-22　径向错位处理示意图
1、3—定子；2—调整架；4—千斤顶

对于定子产生锥形面或倾斜等问题，处理的基本原则是使每个测量断面对称均摊。经调整如定子和机架不平时，可加偏垫处理之。

待定子组合测量合格后，即可进行定子合缝处的线圈嵌放，然后进行喷漆、干燥和耐压试验。

二、水轮发电机定子铁芯无隙装配

大型发电机定子，由于重量和尺寸的限制，有时分瓣运往工地仍有困难，甚至是不可能时，定子的装配工作必须全部在工地完成，有的定子机座由制造厂拼焊若干瓣，在工地再组装成圆，还有的定子机座也在工地拼焊，然后堆叠定子的硅钢片和线棒嵌放，这样的定子铁芯就可以实现无隙装配。

水轮发电机定子的无隙装配，增加了定子的整体性和刚度，减少了运行产生的振动、噪音、发热、线槽超宽，这样可以大大改善发电机的运行特性和运行的可靠性。定子无隙装配工艺可按下列程序进行：

（1）拼装定子机座成圆：如果定子机座也在工地拼焊，就是拼焊定子机座成整圆。并调整其圆度、垂直和水平。如果是在机坑安装位置组焊，要以水轮机下部固定止漏环为基准，找正中心。

（2）定位筋的安装：这是定子装配工作中精度要求最高而又最复杂的工作，因为它是铁芯的堆叠基准，而在焊接过程中，定位筋和机座又常发生变形而影响定位筋的安装精度，同时环境温度也是影响定位筋安装尺寸不可忽视的因素。因此定位筋的焊接工艺要慎重研究。

定位筋安装分预装和正式安装两步。

定位筋预装首先是在机座下环板上分度划线，划出每根定位筋的中心线，检查调整定位筋的径向和周向的直线度，使其在0.05mm/m以内，将托板嵌入定位筋后一一就位。筋与下环板之间应留有间隙。顶部托板用特制"C"形夹夹住，其余各层托板用千斤顶压住，如图3-23、图3-24所示。

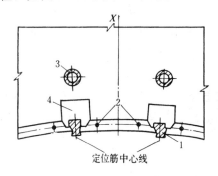

图3-23 定位筋布置图
1—定位筋；2—拉紧螺杆孔；
3—撑管；4—托板

以预先划好的中心线为准，调整定位筋的径向和周向尺寸及垂直度，然后点焊托板于定位筋配合面的两侧。点焊后再复查定位筋的位置及垂直度。将每根筋与其托板进行粗焊。最后打上标记，取下定位筋，按要求焊好托板。

回装第一根定位筋，要求其垂直偏差小于0.05mm/m，中心偏差小于1mm，半径偏差在$^{+0.20}_{+0}$mm以内，然后将托板点焊在机座各环板上。点焊后再复查其位置应符合要求。

以安装的第一根定位筋为基准，每隔两根装一根。这项工作常利用装筋样板进行找正。每根筋的安装要求与第一根筋一样。已装各筋的方位、尺寸误差均不允许超过要求。装完1/3再装1/3直至装完为止。在焊接时，要严格按焊接规范要求，保证最小的焊接变形，等焊接冷却后再检查、记录。

（3）叠装定子铁芯：定位筋焊好后，就可以进行定子铁芯堆叠。安装下齿压板，堆叠铁芯，分段压紧，如图3-25所示。每叠400～500mm高压紧一次。每段要装两根整形棒，压紧前要在铁芯全长度范围内用整形棒整形。千斤顶下的第一层不得是通风槽片，整形棒不得露出铁芯之上。千斤顶的承受能力不得超过冲片的允许单位压力（1.2～1.5MPa）。

全部堆完后，进行最后压紧，如图3-26所示。千斤顶的承受压力必须比前几次大，才能保证整个铁芯的高度和波浪度。当达到要求后，装上齿压板，穿永久拉紧螺杆并把紧，使铁芯高度、波浪度、压紧系数全部达到要求后，点焊螺母，进行铁损试验。

（4）铁损试验：即用铁损法加热定子，使其温升比周围环境高25℃，如定子铁芯局部过热，要重新拆开铁芯进行处理。其原因是由于机座限制铁芯的热膨胀，各段铁芯无自由膨胀的可能，因而使叠片产生变形和翘曲，致使绝缘破坏，温度增加，如此形成恶性循环。为了避免上述现象发生，定位筋托板先不满焊到环板上，而是在铁芯堆好后，加热定子使定子铁芯高于机座15～20℃时再依次将定位筋满焊到环板上。

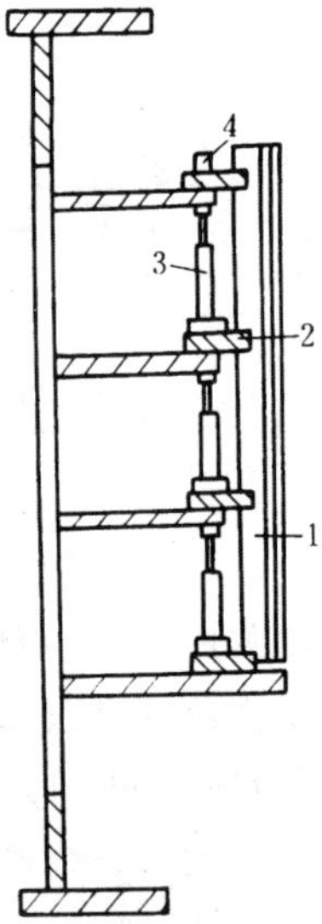

图3-24 定位筋临时固定布置图
1—定位筋；2—托板；3—平头千斤顶；4—特制"C"形夹

76

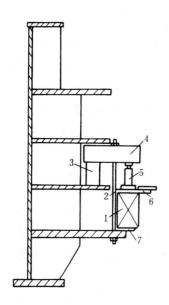

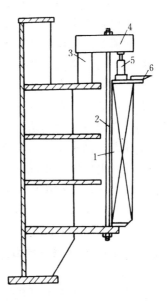

图 3-25　定子铁芯分段压紧

1—铁芯；2—临时拉紧螺杆；

3—垫块；4—工字梁；5—油

压千斤顶；6—上齿压板；

7—下齿压板

图 3-26　定子铁芯最后压紧

1—铁芯；2—临时拉紧螺杆；

3—垫块；4—工字梁；5—油

压千斤顶；6—上齿压板

（5）嵌放绕组，安装汇流排，进行定子的电气试验。

无隙定子的组装工作可以在机坑进行，但是为了防止对水轮机作业的干扰，缩短机组安装的直线工期，无隙定子的装配可在安装间或其他场地进行。

三、水轮发电机定子铁芯压装新技术

各种大型发电机长期运行之后，普遍发生定子铁芯松动、振动、噪音及整体性刚度差造成的各种事故，危害极大，严重威胁着电机运行的可靠性和使用寿命。制造厂对这些老大难问题的调查研究，吸收消化国外的先进技术，经过多年的试验和应用研究，取得了丰硕成果，为提高我国大型发电机的可靠性和延长使用寿命作出了贡献。下面把这些新工艺、新技术简要介绍如下：

（1）振动加热压紧技术。过去传统冷态压紧工艺的缺点是：

1）单位压力低，仅 1～1.5MPa；

2）冲片有微小的尖角、毛刺和不平，冲片与定位筋和槽口定位棒之间摩擦力大，特别是齿部弹开大；

3）通风槽钢数量少，冲片容易变形翘曲而松动；

4）冲片漆膜老化有微量收缩。

针对上述原因采取以下措施；

1）提高压紧力到 2～4MPa；

2）多加通风槽钢；

3）模拟运行状态，在冷态压装基础上，取出定位棒，进行铁损加热到 60～70℃（有的到 100℃）24 小时，再次压紧，反复 1～3 次，直至铁芯长度不变。

实践证明，普遍都能热压紧 2%～8%，效果非常明显，特别是对齿部效果更好。

（2）粘结技术。为了增强整个铁芯的整体性，采用冲片粘结新技术，把端齿铁芯粘结成一整体，刚度强度好，不会发生端齿断片脱落，而且齿部弹开大大减小。

（3）整圆叠片压装取消合缝。这种新结构大大提高了铁芯的整体性、刚度和圆度，减少了波浪度，不存在合缝错位问题，没有合缝间隙，避免了合缝铁芯振动，松动和磨损的老毛病，减小了铁芯的激磁电流，磁路更平衡了。

（4）分瓣定子合缝间隙采用环氧涤纶毡适形材料衬垫，代替过去用钢纸衬垫的结构，操作简单，合缝密实牢固，粘结成整体，杜绝了合缝铁芯振动磨损。

目前国外已广泛采用这些新技术，在 1983 年 11 月巴西国际大电网会议水轮发电机专业会上，已经提出了大型水轮发电机的结构整体化问题，其中一条就是机座应在工地拼焊成整圆，铁芯在工地整圆堆叠取消合缝，工地整体下线，以提高定子和铁芯的整体性和刚度。

采用上述措施后，大大提高了铁芯的压紧度、整体性和刚度，从而提高了铁芯运行的稳定性、可靠性和寿命。使圆度、齿部弹开、长度差都非常理想，而且可以降低铁损和励电流，磁路也更均匀了。

四、定子安装与调整

当整体定子吊入机坑或机坑内组装的定子在完成组合下线后，即进行整体定子的调整工作。分别测量定子的标高、水平、垂直、中心和圆度，经综合分析比较后一并进行调整。

定子的标高应以座环为基准。定子上圆板加工面的实际高程应控制在设计值 $^{+2}_{+0}$mm 以内。对于转动部分很重的悬式机组，上机架可能产生几个 mm 以上的挠度，为此需酌情提高定子的安装高程。

定子水平也是按上圆板加工面确定。如水平和垂直不能同时满足要求时，应首先保证铁芯垂直，水平则加垫校正。水平测量多与标高结合进行。直接用水准仪测量各点高程，如图 3-27 所示。然后用下式计算

$$\delta_c = \frac{E_1 - E_2}{L} \tag{3-10}$$

式中　δ_c——定子水平值，mm/m；

　　　E_1——定子机座上圆板任一点的高程，mm；

　　　E_2——定子机座上圆板对应点的高程，mm；

　　　L——对应两测点的间距，m。

定子圆度一般应在机坑内与中心，垂直等一起测量调整。首先在定子铁芯内径上、下两个测量断面上，每瓣定子标定出 3～5 个测点，如图 3-28 所示。以下部固定止漏环为基准挂线测量，如图 3-29 所示。各断面所测半径与平均半径之差，不应大于设计空气间隙的 ±5%。

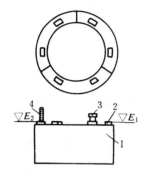
图 3-27 用水准仪测各点高程
1—定子；2—上圆板加工面；
3—水准仪及支架；4—钢板尺

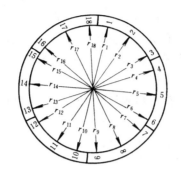
图 3-28 分瓣定子测点分布图

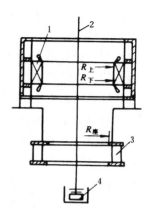
图 3-29 定子中心测量
1—定子；2—中心钢琴线；
3—座环；4—重锤

定子圆度超差，主要是由于定子本身的椭圆度和中心偏差的存在造成的。定子椭圆度调整值按下式计算

$$\sigma = \frac{D - D'}{2} \qquad (3-11)$$

式中 $D - D'$——定子两垂直方向直径差，mm。

定子中心偏差调整值按下式计算

$$e = \frac{R - R'}{2} \qquad (3-12)$$

式中 $R - R'$——定子同一直径方向的半径差，mm。

定子中心偏差和椭圆度的调整，最好结合起来进行。调整的方法一般可利用千斤顶撑在定子机座与风洞墙壁之间，强迫机座受力位移或变形，而达到调整的目的。为避免产生其他方向的中心位移、定子的两翼和对面也需放千斤顶迎住，并用百分表监视。

在坑外组合的定子，如果先吊转子，后套定子，则定子须根据转子调整，使空气间隙实测值不应大于平均值的±10%。

定子调整合格后，提起定子基础螺栓，带上螺母，浇注基础混凝土，调整定子用的千斤顶须在基础混凝土养护合格后方能拆除。

第四节 发电机转子吊入找正

发电机转子是机组最重的一个部件，也是确定厂内桥机最大起重量和极限高度的依据。装配成整体的转子，吊入机坑是一项重要的工作。吊入前需做多项准备，吊入时精神要高度集中，吊入后需仔细找正。下面只介绍发电机转子是在定子就位后吊入找正的具体方法。

吊入前，发电机定子、转子的本体组装均已完毕，经过清扫、喷漆、干燥、耐压及全面检查合格；下风洞盖板、下机架已吊入机坑就位；制动闸及其管路、下挡风板、消火水管等部件均已安装完毕。

一、准备工作

（1）起重设备检查。为确保起吊的安全，吊转子前应对有关的起吊设备进行周密的检查。检查的重点是行走机构、起升机构的机械系统和电气操作系统。

（2）吊入时为避免定、转子相碰，应准备好长度比磁极稍长、宽约 40～80mm、厚为设计空气间隙之半的木板条 8～12 根。

（3）因发电机转子吊入后一般是按水轮机主轴找正，因此在转子吊入前，对水轮机主轴的标高、水平和中心应校对一次，使其满足要求。

（4）转子吊入后的高程是靠制动闸顶面高程来控制的。因此在转子吊入前，必须测量并调整好制动闸的顶面高程。

二、转子吊入找正

在正式将转子吊入机坑前，装好起吊工具，先在安装间试吊 1～2 次，吊起高度约 10～15mm。其目的有二：①测量转子磁轭下沉值，初步鉴定安装质量；②检查桥机运行状况是否良好。试吊正常后，将转子先提升 1m 左右，检查转子下部有无遗留问题。对法兰盘接触面应进行清扫研磨，检查法兰螺孔、止口及边缘有无毛刺或突起，检查转子磁轭的压紧螺杆端部是否突出闸板面，螺母是否全部点焊等，发现问题进行处理。

1. 转子吊入

上述检查处理完毕，将转子起升到允许高度后向机坑吊运。当转子行至本机坑上空，初对中心徐徐下落。转子即将进入定子时，在定、转子间放入木板条，找正中心使转子继续下落到制动闸上。这时，暂不卸去吊具，以便用来进行转子的调整工作。

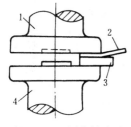

图 3-30　测主轴法兰间隙

1—发电机主轴；2—塞尺；3—塞块；4—水轮机主轴

2. 转子找正

转子落于制动闸上以后，即可进行转子高程、水平和中心的调整工作。

用一个塞块和一把塞尺测主轴法兰端面四周的间隙，如图 3-30 所示。依据间隙值的大小，判断转子实际高程，并计算此高程与设计值的偏差。如果偏差值超过 0.5～1.0mm，则需提起转子，在制动闸顶面加（减）垫。然后再使转子落下，重新测量，直至高程合格为止。

发电机转子找水平仍以水轮机主轴为准，要求发电机法兰与水轮机法兰相对水平偏差在 0.02～0.03mm/m 以内。否则，须在部分较低的制动闸顶面加薄垫处理。垫厚按下式计算

$$\delta = \frac{D}{d}(\delta_a - \delta'_a) \tag{3-13}$$

式中　δ——法兰最低点所对应的制动闸应加垫厚度，mm；

D——制动闸对称中心距离，mm；

d——法兰盘直径，mm；

$\delta_a - \delta'_a$——法兰盘对称方向间隙差，mm。

通常，水平和高程的调整同时进行。

转子中心可通过测量主轴法兰的径向错位来确定，如图3-31所示。用钢板尺贴靠在水轮机主轴法兰的侧面，用塞尺测发电机主轴法兰和钢板尺之间的间隙值。中心偏差按下式计算

$$\Delta\delta = \frac{\Delta\delta_1 + \Delta\delta_2}{2} \qquad (3-14)$$

式中　$\Delta\delta$——中心偏差值，mm；

$\Delta\delta_1$、$\Delta\delta_2$——两侧面间隙值，mm。

转子中心偏差可利用导轴瓦或临时导轴瓦进行调整，瓦面应涂猪油（或其他动物油）或加有石墨粉的凡士林油。提起转子少许，用导轴瓦向需要移动方向推移 $\Delta\delta$ 值，落下转子，重新测量，如此反复2~3次，中心即可达到要求。

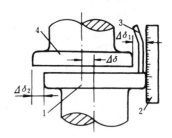

图3-31　测量主轴法兰
径向错位

1—水轮机主轴法兰；2—钢板尺；
3—塞尺；4—发电机主轴法兰

发电机转子的找正工作，通常是在转子重量转移到推力轴承上以后进行，这样不论是中心、高程还是水平，调整起来都较前法方便。

转子找正合格后，把已组合好的上机架，按预装位置吊放在定子机座上，找正打入定位销钉，把紧组合螺钉。

第五节　推力轴承的安装与调整

一、推力轴承的安装

1. 刚性支柱式推力轴承的安装

（1）轴承的绝缘：大型同步发电机，不论是立式的或卧式的，主轴将不可避免地处于不对称的脉动磁场中运转，这种不对称磁场通常是由于定子铁芯合缝、定子硅钢片接缝、电机空气隙不均匀以及励磁绕组匝间短路等各种因素所造成。当主轴旋转时，总是被这种不对称磁场中的交变磁通所交链，从而在主轴中产生感应电势，并通过主轴、轴承、机座而接地，形成环形短路轴电流，如图3-32所示。

由于这种轴电流的存在，从而在轴颈和轴瓦之间产生小电弧的侵蚀作用，使轴承合金逐渐粘吸到轴颈上去，破坏轴瓦的良好工作面，引起轴承的过热，甚至把轴承合金熔化。此外，由于电流的长期电解作用，也会使润滑油变质、发黑，降低润滑性能，使轴承温度升高。

为防止这种轴电流对轴瓦的侵蚀，须用绝缘物将轴承与基础隔开，以切断轴电流回路。一般对励磁机侧的轴承（推力轴承及导轴承）、受油器底座、调速器的恢复钢丝绳等均要绝缘，如图3-33所示。因此，在推

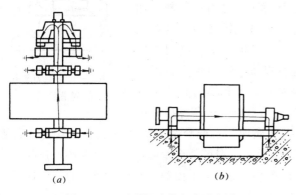

图3-32　环形短路轴电流示意图
（a）立式；（b）卧式

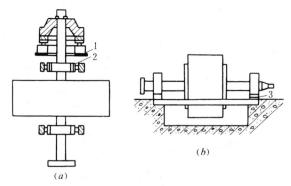

图 3-33　轴承的绝缘
1—推力轴承支座绝缘；2—导轴瓦绝缘；
3—卧式轴承底座绝缘

力轴承支座与支架之间设有绝缘垫，垫的直径应比底座直径大 20～40mm。支座固定螺钉及销钉都需加绝缘套。所有绝缘物，事先要经烘干。绝缘物安装后，轴承对地绝缘用 500V 摇表检查应不低于 0.5MΩ。

（2）轴承部件的安装：组装油槽内套筒及外槽壁，合缝处加耐油橡胶盘根密封。组装后作煤油渗漏试验须合格。

安装轴承支座，注意装好绝缘物。按图纸及编号安装各支柱螺钉、托盘和推力瓦。瓦面抹一层薄而匀的洁净熟猪油，吊装镜板，并以三块互成三角形的推力瓦来调整镜板的标高和水平。镜板高程应按推力头套装后的镜板与推力头之间隙值来确定。预留间隙按下式计算

$$\delta = \delta_\phi - h + a - f \tag{3-15}$$

式中　　δ——发电机镜板与推力头之间隙，mm；

δ_ϕ——发电机法兰盘与水轮机法兰盘之间的实测间隙，mm；

a——镜板推力头之间将加绝缘垫的厚度，mm；

h——水轮机应提升的高度，mm；

f——荷重机架的挠度，mm。

用方型水平仪在十字方向测量镜板水平，使其达到 0.02～0.03mm/m。

（3）推力头安装：先在同一室温下，用同一内径（外径）千分尺测量推力头孔与主轴的配合尺寸，测量部位如图 3-34 所示。

推力头与主轴多为过渡配合，套装后有 0～0.08mm 的间隙。这样小的间隙是不能保证推力头顺利套入主轴的。为此，要对推力头加热，孔径膨胀。使间隙增加 0.3～0.5mm，便于套装。推力头与轴一般用平键连接（键应先配好）。加热计算可参考有关资料，加热布置，如图 3-35 所示，在推力头孔内及下部放置足够的电炉或远红外元件，推力头用千斤顶支承，在千斤顶与推力头之间用石棉纸垫（或石棉布）隔热，推力头表面覆盖石棉布或蓬布保温。当推力头孔膨胀量达到要求后，撤去电炉和保温布，吊起推力头，用方形水平仪找平（此时水平偏差控制在 0.15～0.20mm/m 以内），在吊

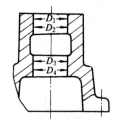

图 3-34　推力头孔
测量部位

离地面 1m 左右时，用白布擦净推力头孔和底面，在配合面上涂沫一层水银软膏或石墨粉，然后吊起对正中心套装在主轴上。套好后，待温度降至室温时，装上卡环。在此之前应先测两者的配合尺寸。为保证卡环两面能平行而均匀地接触，允许用研刮的方法处理。

卡环装好，复查一次推力头和镜板之间的间隙，若跟预留值相符，即可进行推力头和镜板的连接。其过程是先按要求放好绝缘垫，接着使定位销钉对号入座，最后拧紧螺钉。

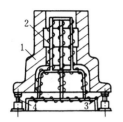

图 3-35 推力头
加热布置图
1—推力头；2—电炉；
3—石棉板；4—千斤顶

（4）将转子重量转换到推力轴承上：锁定螺母式制动闸的转换工作比较容易，只要用油压顶起转子，将锁定螺母旋下，再重新落下转子时，其重量就转换到推力轴承上了。

对锁定板式制动闸，在撤出制动闸上的胶合板（或钢纸垫）时，分两步进行。

1）先将转子顶起，加上制动闸锁定板，再落下转子，这时转子落在比设计高程高出一个锁定板的厚度。在此状态下，将三块呈三角形的推力瓦提高 5～10mm，然后再将转子顶起，落下锁定板，使转子暂时落在被提高的三块瓦上，撤出制动闸上的垫板；

2）再次顶起转子，加上锁定板，使转子又落在制动闸上。将高出的三块瓦退回至比原来未动时略低处，再顶起一次转子，落下锁定板，撤掉油压，转子即落在原来未动的推力瓦上。用扳子将退低的三块瓦升高至原来高度，转子重量的转换工作即告结束。

此后，可进行油冷却器的预装和耐压试验以及其他一些部件的安装。

2. 液压支柱式推力轴承的安装

液压支柱式推力轴承的安装跟刚性支柱式的大体相同，主要区别在于前者的弹性油箱和底盘是结合在一起的整体。若用应变仪进行推力轴承调整时，应在选定的油箱壁上贴放规定数量的应变片。支座与底盘之间的接触面要均匀。弹性油箱的钢套旋至底面时，应有良好的接触状态。用弹性油箱确定镜板高程和水平时，应考虑各部间隙和油箱本身可能产生的压缩量，为此，在安装时需相应提高镜板高程。

3. 平衡块式推力轴承的安装

平衡块式推力轴承的特点是用平衡块代替了上述两种轴承的固定支座或弹性油箱。安装时首先要清理平衡块，并对其棱角上的毛刺和突起进行适当的修整，然后将下平衡块一一就位，用临时楔子板分别垫在下平衡块底面的两条平垫下部，使平衡块稳定不动。再按图将上平衡块一一就位，接着将支柱螺栓分别拧在每个上平衡块上。在三角方向用三个支柱螺栓初调镜板的标高和水平，然后吊装推力头，再将其余支柱螺栓顶靠。其他部件参照刚性支柱式推力轴承的安装。

二、推力轴承的调整

当机组轴线处理合格后，即可调整推力轴瓦的受力，其目的是使每块推力瓦的受力要基本一致，防止因个别瓦负荷过重而烧毁。

1. 刚性支柱式推力轴承的受力调整

（1）用人工锤击调整受力法：人工锤击调整受力仍是目前常用的传统的受力调整方法之一。

调整推力轴承受力时，先在轴承支架和每块锁定板上做好记号，如图 3-36 所示，以便检查支柱螺栓旋转后的上升数值。检查锁定板时，应向同一侧靠紧。为监视在调整受力时造成轮的中心位移，应在水轮机轴承处互相垂直的方向装两只百分表。调整过程中，转动部分处于自由状态，不许有人在上面工

图 3-36　检查支柱螺栓
上升数值
1—轴承支架；2—锁定板；
3—支柱螺栓；4—固定支持座

作，检查空气间隙和止漏环间隙，力求中心不变，注意保持镜板的水平。其调整步骤如下：

1）按机组大小选用12～24磅大锤，宜选大一点的锤，让锤靠自重下落，均匀地打紧一遍支柱螺栓；

2）检查锁定板记号移动距离，并把每次锤击数和移动距离计入表3-4内；

表3-4　　　　　　　　　　　　　　推力轴瓦受力调整记录

次数	推力瓦锤击后移动距离 $\left(\dfrac{锤数}{连同上次移动距离}\right)$								每块瓦每次移动距离（mm）								水导处百分表指示数（0.01mm）	镜板水平偏差（0.01mm/m）

3）酌量在移动多的支柱螺栓上再补打一、二锤；

4）对移动少的可不打或在其附近支柱螺栓上补打一、二锤，以减轻移动少的负荷；

5）每打一次均按表格要求记录，分析记录，并找出支柱螺栓移动不同的原因，以便正确地决定下次打锤的方位和锤数；

6）打击的同时，要监视镜板的水平，若发现镜板水平不符合要求或水轮机轴承处的百分表有移动，则应及时在镜板低的方位适当增加几锤，并在其附近的支柱螺栓上也应以较轻或较少的锤数锤击，使镜板保持水平；

7）按上述方法重复调整，直至全部支柱螺栓以同样力锤击一遍后，锁定板的位移差不超过1～2mm，镜板基本上保持水平，即认为推力轴瓦受力均匀；

8）推力轴承受力调好后，应将机组转动部分调整至中心位置。

实例：

某机组（刚性支柱式）推力轴承受力调整记录见表3-5。

表3-5　　　　　　　　　　　　　　推力轴承受力调整记录

次数	每块推力轴瓦锤击后移动距离 $\left(\dfrac{锤数}{连同上次移动距离}\right)$（mm）								每块瓦每次移动距离（mm）								水轮机轴承处百分表指示数（0.01mm）	镜板水平（0.01mm/m）
	1	2	3	4	5	6	7	8	1	2	3	4	5	6	7	8		
1	2	2	2	2	2	2	2	2									$X\sim+4$ $-Y\sim-7$	
	3	5.5	0	6	2.8	2.5	1	3.7										
2	2	2	2	2	3	2	2	2	2.8	5.1	0.5	7.1	0.2	7.4	0.1	4.5	$X\sim0$ $-Y\sim-2.5$	
	5.8	10.6	0.5	13.1	3.0	9.9	1.1	8.2										
3	2	2	2	2	3	3	2	2	3.4	3.9	0	3.3	0.6	2.8	0.5	2.2	$Y\sim+4$ $-Y\sim-3.5$	
	9.2	14.5	0.5	16.4	3.6	12.8	1.6	10.4										

次数	每块推力轴瓦锤击后移动距离 $\left(\dfrac{锤数}{连同上次移动距离}\right)$ (mm)								每块瓦每次移动距离 (mm)								水轮机轴承处百分表指示数 (0.01mm)	镜板水平 (0.01mm/m)
	1	2	3	4	5	6	7	8	1	2	3	4	5	6	7	8		
4	2	2	2	2	2	3	3	3	2.2	4.12	0.8	5.0	0	5.6	0.3	8.4	$X\sim+6$ $-Y\sim-4.5$	
	11.4	18.62	1.3	21.4	3.6	18.4	1.9	18.8										
5	2	2	2	2	2	4	4	4	3.7	5.08	1.2	5.6	0.1	8.2	3.2	9.0	$X\sim+10$ $-Y\sim2.5$	
	15.1	23.7	2.5	27	3.7	26.6	5.1	27.8										
6	2	2	2	2	2	2	2	2	1.3	2.1	1.0	4.8	0.2		0.15	1.4	$X\sim+11.5$ $-Y\sim-4$	
	16.4	25.8	3.5	31.8	4.9	0	5.25	29.2										
13	2	2	2	2	2	2	2	2	1.1	2.0	1.05	1.05	1.8	0.3	0.4	0.6		
	24.45	32.2	5.45	69.1	15.8	59.5	18.9	46.5										

（2）用百分表调整受力法：这是目前刚性支柱式推力轴承一般使用的调整受力的方法。人工调整受力不精确，轴瓦温差达 5～8℃；而用百分表监视受力情况，可使轴瓦温差减少到 3～5℃。

百分表调整受力法的实质是测量轴瓦托盘的变形，如图 3-37 所示。镜板传递下来的轴向力，经推力轴瓦传给托盘，再到支柱螺栓。托盘是弹性钢料的，受力时其应变跟应力成正比。如在托盘下部适当位置焊一方形螺母，将百分表架螺丝端旋入，百分表触头顶在推力瓦的测件上，百分表则能反映出托盘的应变情况。其调整步骤如下：

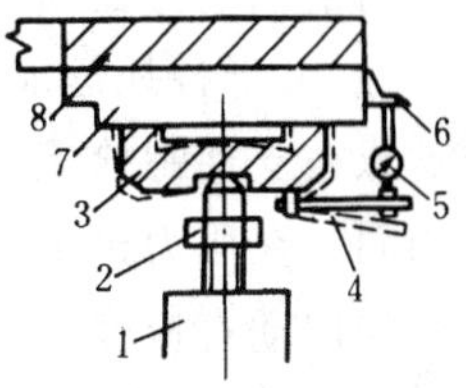

1）在每个托盘同一位置上布置百分表；

2）顶起转子，使百分表大针对"0"，小针指刻度中间；

3）落下转子，记录每只百分表的读数，并列入表 3-6 中；

4）计算各百分表读数的平均值

图 3-37 用百分表
监视推力瓦受力情况
1—固定支持座；2—支柱螺栓；
3—托盘；4—百分表架；
5—百分表；6—测件；
7—推力瓦；8—镜板

$$\Delta\delta_{cp}=\frac{\Delta\delta_1+\Delta\delta_2+\cdots+\Delta\delta_n}{n} \qquad (3-16)$$

式中 $\Delta\delta_{cp}$——各百分表平均读数，mm；

$\Delta\delta_1$、$\Delta\delta_2$、$\cdots$、$\Delta\delta_n$——各百分表读数，mm；

n——百分表数。

5）计算出各瓦百分表读数与平均读数的差值；

6）再顶起转子，按差值的大小调整各支柱螺栓的高度（差值为正值时应旋低；差值为负值时应旋高），然后将各百分表重新对"0"；

表 3-6　　　　　　　　　用百分表调整推力轴瓦受力记录

托盘（瓦）编号	1	2	3	……	n
百分表读数（mm）	$\Delta\delta_1$	$\Delta\delta_2$	$\Delta\delta_3$	……	$\Delta\delta_n$

7）重复 3)～6)，经多次调整，使每只百分表读数与平均值之差应不大于平均值的±10％为合格。

实例：

某机组用百分表调整推力瓦受力情况见表 3-7。

表 3-7　　　　　　　　　用百分表调整推力瓦受力记录

托盘（瓦）编号		1	2	3	4	5	6	7	8	9	10	11	12
百分表读数（mm）	第一次	0.045	0	0	0.051	0.035	0.06	0.063	0.048	0.055	0.02	0.05	0.055
	第二次	0.04	0.03	0.02	0.52	0.032	0.044	0.056	0.048	0.06	0.025	0.025	0.05
	第三次	0.04	0.025	0.02	0.05	0.03	0.05	0.052	0.043	0.035	0.02	0.03	0.05
	第四次	0.045	0.032	0.022	0.05	0.03	0.05	0.055	0.037	0.04	0.02	0.033	0.058
	第五次	0.045	0.032	0.032	0.05	0.04	0.05	0.05	0.04	0.05	0.03	0.03	0.05

（3）用应变仪调整受力法：利用应变仪进行托盘受力的调整，近年来已得到广泛的应用。各托盘正式安装前，先在托盘变形明显的部位贴应变片，再用导线引至应变仪。试验表明，应变片应贴在接近支柱螺栓中心的部位上。

托盘标定和受力调整步骤如下：

1）在托盘中心部位贴应变片，如图 3-38 所示，将应变片的出头用导线引至托盘外，引线用粘接剂作适当固定，以防拉脱应变片。

2）由于各托盘加工和贴片位置的误差，事先应经过受力和应变关系的试验，即将托盘支承在支柱螺栓上，螺栓拧在专制的大螺母内，大螺母的材料和硬度应与轴承固定支持座相同，在压力机下用应变仪进行荷载与应变关系的测定。标定时既可使用静态应变仪，也可使用动态应变仪和示波器。最大试验载荷一般为瓦的平均静载荷的 1.5 倍。

3）根据托盘荷载与应变关系，绘制各托盘受力时的关系曲线，如图 3-39 所示。表3-8 为某发电机托盘标定时荷载与应变值的实测记录。

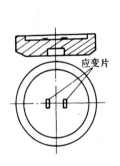

图 3-38　在托盘上贴应变片位置

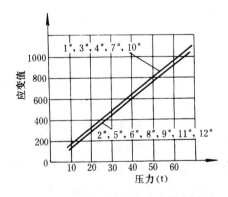

图 3-39　各托盘荷载与应变值曲线图

4）将经过标定的托盘正式安装在推力轴承上，注意引线朝向外侧放置，以便接线。用同长度同线径的屏蔽导线，把各托盘的应变片引线接至应变仪。接头应用锡焊焊好，导线铺设整齐，固定妥当，受力调整作业时不要随意移动，应变仪的接线方式应与标定时一样。

表 3 - 8 某发电机托盘荷载与应变值实测记录

托盘号	托盘荷载（10^4N）										
	10	15	20	25	30	35	40	45	50	55	60
	应变值（$\mu\varepsilon$）										
1	171	250	331	409	488	567	645	722	797	874	951
2	158	234	311	387	465	541	621	700	780	862	946
3	170	252	335	412	497	578	653	734	810	890	974
4	167	250	331	405	487	562	638	714	790	867	945
5	100	248	327	400	478	553	627	703	780	858	936
6	157	234	312	388	464	538	614	693	774	852	930
7	174	254	329	412	490	575	652	727	809	889	973
8	164	247	327	409	483	568	637	709	786	868	939
9	164	247	329	405	485	560	637	713	791	869	946
10	173	251	380	405	486	561	638	710	788	870	950
11	164	242	321	396	477	553	630	700	782	861	932
12	164	244	325	390	482	560	635	713	789	871	950

5）在水导处 x、y 方位上设置两只相互垂直的百分表监视主轴垂直状态的变化，或有条件时，用方形水平仪监测镜板背面水平。

6）在确认转动部分落在推力轴承并处于自由状态后，用应变仪测量各托盘的应变值，对照图 3 - 39 曲线图，求出各瓦的实际荷载值，并记入表 3 - 9 中。

表 3 - 9　　　　　　　　　　用应变仪调整推力瓦受力记录

次数	托盘（瓦）号	1	2	3	……	n	平均	垂直或水平监视
1	应变值（$\mu\varepsilon$）							
	荷载（10^4N）							
2	应变值（$\mu\varepsilon$）							
	荷载（10^4N）							
⋮								

7）综合镜板水平情况，用应变仪测量监视，分别把受力低于平均值的推力瓦的支柱螺栓用锤击办法升起，使其受力值达到平均值。每遍把该顶起的瓦升起后，检查镜板水平应符合要求，表偏差不大于±0.02mm，否则应作适当调整。之后，用应变仪测量各托盘的应变值，查求各瓦的受力值，并作记录。

8）重复上一步骤，经多次调整，使各瓦受力与平均值之差，不超过平均值的±10％，且镜板水平符合要求（或水导处百分表偏差不大于±0.02mm），即认为该推力瓦受力调整合格。

2. 液压支柱式推力轴承的调整

调整时，主轴可能处于两种不同状态：①将整个转动部分落在推力轴承上以后，以实际轴线为基准，在十字方向装四块上导瓦，单侧间隙留 0.03~0.05mm 或按规定留间隙，转子下部不装导轴瓦，因而没有径向约束，称自由状态；②将转动部分落在推力轴承上后，像①情况一样，装好上导轴瓦，使主轴处于垂直状态，再装下导瓦或水导瓦（或临时导轴瓦），使单侧间隙为 0.03~0.05mm 或留规定间隙，这样主轴上下受径向约束，处于强迫垂直状态。对于液压支柱式推力轴承，选用两种状态中任一种进行受力调整都是允许的。下面介绍调整方法。

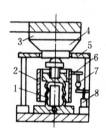

图 3-40 液压支柱式推力
轴承受力调整百分表布置
1—弹性油箱；2—套筒；3—薄瓦；
4—托瓦；5—轴承支架；6—测杆；
7—百分表；8—表座

（1）用百分表调整受力：由于液压支柱式推力轴承是弹性油箱结构，它们自调能力很强，故在安装调整时要求不高。当推力轴承承受转动部分荷重后，用百分表监视各瓦高度差或弹性油箱压缩量的偏差在 0.2mm 以下即可。调整步骤如下：

1）旋起弹性油箱套筒，按图 3-40 布置百分表，测杆拧在套筒上，表座吸附在油槽底盘上；

2）整个转动部分落于轴承上，使主轴处于自由或强迫垂直状态（主轴垂直度在 0.02~0.03mm/m 以内）；

3）使各百分表读数对"0"；

4）顶起转子，记录每只百分表的读数值（即弹性油箱压缩值），列入表 3-10 中；

表 3-10　　　　　　　用百分表调整液压支柱式推力轴承受力记录

弹性油箱（瓦）编号	1	2	3	……	n
百分表读数值（mm）	$\Delta\delta_1$	$\Delta\delta_2$	$\Delta\delta_3$	……	$\Delta\delta_n$

5）按式（3-16）计算各百分表读数的平均值（即弹性油箱平均压缩量）；

6）计算出各瓦百分表读数与平均值之差；

7）重复刚性支柱式推力轴承用百分表调整受力法的 6）~7）各步骤，最后使每只百分表读数相差在 0.2~0.3mm 以内。

（2）用应变仪调整受力：弹性油箱受力后将产生压缩变形。应变片贴在变形明显的部位，如图 3-41 所示。也可以贴在间接变形的应变梁上，如图 3-42 所示。然后用导线把应变片和应变仪接在一起进行测量。

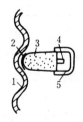

图 3-41　在弹性油箱中部贴应变片
1—油箱壁；2—应变片；3—塑料气包；
4—气嘴；5—固定架

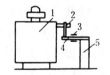

图 3-42　在应变梁上贴应变片
1—弹性油箱；2—压杆；3—应变片；
4—应变梁；5—应变梁座

3. 平衡块式推力轴承的调整

平衡块式推力轴承一般不需调整受力。当机组轴线处理合格后，将平衡块下部的临时楔子板抽出，则平衡块受力将自行调整。但是近年来，一些施工单位为了使这种轴承的瓦受力更均匀，也用百分表法或应变仪法对轴承的受力进行调整，就是在不抽掉下平衡块下部的临时楔子板前，按刚性支柱式推力轴承调受力的方法进行调整。

第六节 机组轴线测量与调整

立式水轮发电机组的轴线，是由顶轴（或励磁机轴）、发电机轴和水轮机轴等组成。通过推力头和镜板，将整根轴支承在推力轴承上。

假设镜板摩擦面与发电机轴线绝对垂直，且组成轴线的各部分即没有倾斜也没有曲折，那么这根轴线在回转时，将与理论回转中心相重合。但是，实际的镜板摩擦面与机组轴线不会绝对垂直，轴线本身也不会是一条理想的直线，因而在机组回转时，机组中心线就要偏离理论中心线，如图 3-43 和图 3-44 所示。轴线上任一点所测得的锥度圆，就是该点的摆度圆，其直径 ϕ 就是通常所说的摆度。由此可见，镜板摩擦面与轴线不垂直，或轴线本身曲折是产生摆度的主要原因。

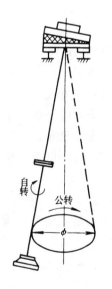

图 3-43 镜板摩擦面与轴线不垂直
所产生的摆度圆

图 3-44 法兰结合面与轴线不垂直
所产生的摆度圆

轴线的测量和调整，是通过盘车用百分表或位移传感器等，测出有关部位的摆度值，借以分析轴线产生摆度的原因、大小和方位。并通过刮削有关组合面的方法，使镜板摩擦面与轴线、法兰组合面与轴线的不垂直得以纠正，使其摆度减少到表 3-11 所允许的范围内。如果制造厂加工精度高，不要求盘车，也可以不进行这项工作。

表 3-11　　　　　　　　　　机组轴线的允许摆度值（双振幅）

轴的名称	测量部位	摆度的允许值				
		轴每分钟转速（r/min）				
		100	250	375	600	1000
发电机轴	发电机上、下导轴承处 轴颈及法兰	相对摆度（mm/m）				
		0.03	0.03	0.02	0.02	0.02
水轮机轴	水轮机轴承处的轴	相对摆度（mm/m）				
		0.05	0.05	0.04	0.03	0.02
发电机上部轴	励磁机的整流子	绝对摆度（mm）				
		0.40	0.30	0.20	0.15	0.10
发电机轴	集电环	绝对摆度（mm）				
		0.50	0.40	0.30	0.20	0.10

注　1. 相对摆度 $= \dfrac{绝对摆度（mm）}{测量部位至镜板距离（m）}$。

　　2. 绝对摆度是指在测量部位测出的实际摆度值。

　　3. 在任何情况下，各导轴承处的摆度均不得大于轴承的设计间隙值。

　　　水轮机导轴承的绝对摆度不得超过以下值：

　　　转速在 250r/min 以下的机组为 0.35mm。

　　　转速在 250～600r/min 以下的机组为 0.25mm。

　　　转速在 600r/min 及以上的机组为 0.20mm。

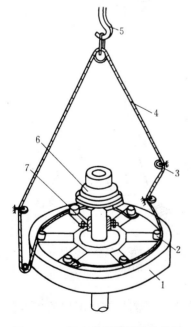

图 3-45　用盘车柱进行机械盘车
1—转动部分；2—盘车柱；3—导向滑轮；
4—钢丝绳；5—桥式起重机主钩；
6—推力轴承；7—导轴瓦

盘车就是用人为的方法，使机组转动部分缓慢转动。通常盘车动力有三种：①用厂内桥式起重机作动力，通过一套钢丝绳和滑轮组来拖动的方式，如图 3-45 所示，称为机械盘车；②在定子和转子绕组中通入直流电产生电磁力来拖动的方式叫电动盘车；③对小机组也可用人工推的方式叫人工盘车。每个电站可根据具体情况进行选择。

一、发电机轴线测量

发电机主轴轴线的测量，是为了检查主轴与镜板的不垂直度，测出它的大小和方位，以便通过有关组合面的处理，使各部摆度符合规定。

1. 测量前的准备工作

发电机轴线测量前要作好以下工作：

（1）在上导轴颈及法兰盘（或下导轴颈）处沿圆周划八等分线，上下各部位的等分线应在同一方位（即上下对应），并按逆时针方向顺次对应编号。

（2）初调推力瓦受力，并使镜板处于水平状态，推力瓦面应涂抹纯净的熟猪油（也可用其他动物油或二硫化钼）作润滑剂。

（3）安装推力头附近的导轴瓦（悬式为上导轴瓦，伞式的为下导轴瓦），借以控制主轴径向位移，瓦面上涂以薄而匀的猪油，瓦背的支柱螺钉用扳手轻轻拧紧，使瓦与轴的间隙为 0.05mm。

（4）清除转动部件上的杂物，检查各转动与固定部分之间的缝隙处，应绝对无异物卡阻及刮碰。

（5）在导轴承和法兰盘处，按 x、y 方向上下对应的各装两只百分表，作为上下两个部位测量摆度及互相校核用。表的测杆应紧贴被测部件，且小针应有 2～3mm 的压缩量，大针对"0"。

（6）在法兰盘处推动主轴，应能看到表上指针摆动，证明主轴处于自由状态。

2. 盘车测量

以上准备工作完成后，各百分表处派专人监护记录，在统一指挥下，使转动部分按机组旋转方向缓慢转动，每次均须准确地停在各等分的测点上。解除盘车动力对转动部分的外力影响，再次用手推动主轴，以验证主轴是否处于自由状态，然后通知各监表人记录各百分表的读数。如此逐点测出一圈八点的读数，并检查第八点的数值是否已回到起始的"0"值，若不回"0"值，一般应不大于 0.05mm。

盘车测量时，一般常测记两圈的读数。摆度计算时常用第二圈所测数值，因为转第二圈时，推力瓦与镜板间的油膜比较匀薄，故计算出的摆度值也比较精确。

3. 摆度计算（以悬式机组为例）

如果发电机轴线与镜板摩擦面不垂直，当镜板处于水平位置时，轴线将发生倾斜，回转 180°时，轴线倾斜方向将转到相反方位，并与 0°时相对称。发电机轴线测量，如图 3-46 所示。

由于上导轴承存在着不可避免的间隙，主轴回转时，轴线将在轴承间隙范围内发生位移。因此，上导轴承处的百分表读数反映了轴线在轴承内的径向位移 e；而法兰处的百分表读数，则是轴线在法兰处的倾斜 $2j$ 与轴线位移 e 之和。

（1）全摆度计算。同一测量部位对称两测点百分表读数之差，称之为全摆度。其计算公式为：

上导处的全摆度

$$\varphi_a = \varphi_{a180} - \varphi_{a0} = e \qquad (3-17)$$

式中　φ_a——上导处的全摆度，mm；

φ_{a180}——上导处转 180°时百分表的读数，mm；

φ_{a0}——上导处未旋转时百分表的读数，mm；

e——主轴径向位移值，mm。

法兰处的全摆度

$$\varphi_b = \varphi_{b180} - \varphi_{b0} = 2j + e \qquad (3-18)$$

式中　φ_b——法兰处的全摆度，mm；

φ_{b180}——法兰处转 180°时百分表的读数，mm；

φ_{b0}——法兰处未旋转时百分表的读数，mm；

j——法兰与上导之间的倾斜值，mm。

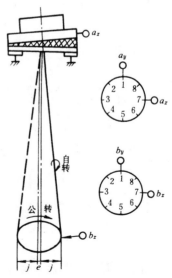

图 3-46　发电机轴线测量

（2）净摆度计算。同一测点上下两部位全摆度数值之差，称之为净摆度。其计算公式为

法兰处的净摆度

$$\varphi_{ba}=\varphi_b-\varphi_a=(2j+e)-e=2j \tag{3-19}$$

式中 φ_{ba}——法兰处的净摆度，mm。

（3）倾斜值计算

$$j=\frac{\varphi_{ba}}{2} \tag{3-20}$$

因此，只要我们测出上导和法兰盘两处各八点的数值，即可算出法兰处最大倾斜值及方位。

实例：

某台发电机单独盘车时，测得上导及法兰盘两部位的数值如表 3-12。

表 3-12　　　　　　　　　　发电机盘车记录　　　　　　　　　（0.01mm）

测量部位	测 点 编 号							
	1	2	3	4	5	6	7	8
上导	1	1	1	0	−1	−2	−1	0
法兰	−12	−24	−19	−11	0	8	−1	−7

上导处全摆度

$$\varphi_{a5-1}=(-1)-1=-2$$
$$\varphi_{a6-2}=(-2)-1=-3$$
$$\varphi_{a7-3}=(-1)-1=-2$$
$$\varphi_{a8-4}=0-0=0$$

法兰处全摆度

$$\varphi_{b5-1}=0-(-12)=12$$
$$\varphi_{b6-2}=8-(-24)=32$$
$$\varphi_{b7-3}=(-1)-(-19)=18$$
$$\varphi_{b8-4}=(-7)-(-11)=4$$

法兰处净摆度

$$\varphi_{ba5-1}=12-(-2)=14$$
$$\varphi_{ba6-2}=32-(-3)=35$$
$$\varphi_{ba7-3}=18-(-2)=20$$
$$\varphi_{ba8-4}=4-0=4$$

由此可知，法兰最大倾斜点在"6"点，其值为

$$j=\frac{\varphi_{ba6-2}}{2}=\frac{35}{2}=17.5$$

如果没有其他因素干扰，则法兰处八个点的净摆度值在坐标上应成正弦曲线，并可在正弦曲线中找到最大摆度值及其方位。但在实际工作中，往往有许多其他因素干扰，使正

弦曲线不规则。当此正弦曲线发生较大突变时，说明所测数值不准，应重新盘车测量。这也是检验测量数值是否准确的一个方法。

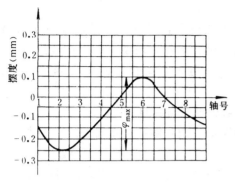

图 3 - 47　净摆度坐标曲线

以上述例题数值为准，绘出净摆度的坐标曲线，如图 3 - 47 所示。此曲线图基本上是正弦曲线，最大摆度在"6"点，其数值 $\varphi_{max} = 0.35mm$，与计算结果一致。

二、发电机轴线调整

如上所述，镜板摩擦面与轴线不垂直是产生摆度的主要原因。而造成这种不垂直的因素有：

（1）推力头与主轴配合较松，卡环厚薄不均。

（2）推力头底面与主轴不垂直。

（3）推力头与镜板间的绝缘垫厚薄不均。

（4）镜板加工精度不够。

（5）主轴本身弯曲。

根据我国的加工水平及安装中碰到的实际问题，不垂直的主要原因是推力头与镜板间的绝缘垫厚薄不均，其次是推力头底面与主轴不垂直，其他原因偶然也会遇到。因此目前国内使用比较成熟的方法是刮绝缘垫，没有绝缘垫的则刮推力头底面。

如图 3 - 48 所示，由于镜板摩擦面 ed 与轴线 AB 不垂直，造成轴线倾斜 BC，为了纠正这个倾斜值，必须将绝缘垫刮去 Δefd 这样一个楔形层，楔形层的最大厚度即 $ef = \delta$。

从图 3 - 48 中的几何关系不难推出绝缘垫或推力头底面的最大刮削量

$$\delta = \frac{jD}{L} = \frac{\varphi D}{2L} \tag{3 - 21}$$

式中　δ——绝缘垫或推力头底面最大刮削量，mm；

φ——法兰处最大净摆度，mm；

D——推力头底面直径，m；

L——两测点的距离，m。

当控制轴线位移的导轴承不跟推力头在一起，无论在其上，或者在其下，式（3 - 21）依然成立。

计算出最大刮削量，找出最大刮削点之后，即可进行绝缘垫的刮削。

按推力头上盘车时的等分点将绝缘垫外侧八等分。顶起转子加上制动闸锁定板，松开推力头与镜板的组合螺钉，落下镜板，抽出绝缘垫（为两瓣的）。找到最大刮削点，过该点和圆心作一直径，沿该直径把绝缘垫等分 4～8 个刮削区，并按比例确定每一区域的刮削量。绝缘垫分区域刮削见图 3 - 49 所示。

根据图 3 - 49，按区域按刮削量仔细耐心地进行刮削，边刮边用外径千分尺测量。待各区全部刮完后，把绝缘垫放在大平板上，

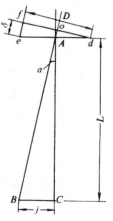

图 3 - 48　轴线倾斜与
推力头调整之关系

93

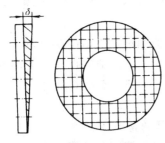

图 3-49 绝缘垫分区刮削示意

用研磨平台加微量显示剂，压在绝缘垫上研磨显出高点，除去高点和边缘毛刺，最后用细砂布打光，即可装复重新盘车检查，直至合格为止。

有时为了加快安装进度，尽管法兰处的摆度不合格，但按比例推算到水轮机止漏环处的摆度不致使转轮与固定部分相碰时，亦可提前连轴，待机组总轴线测量后一并处理。

三、机组总轴线的测量与调整

机组总轴线的测量与调整跟发电机轴线的测量与调整方法基本相同，只是在水导轴颈处再相应地增加一对百分表，借以测量水导处的摆度值。计算并分析由于主轴法兰组合面与轴线不垂直面引起的轴线曲折，以便综合处理，获得良好的轴线状态。

由于加工和装配上的误差，连轴后可能出现各种轴线状态，如图 3-50 所示。

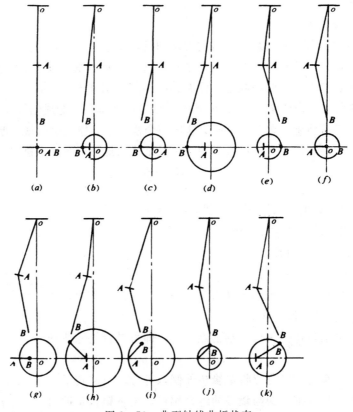

图 3-50　典型轴线曲折状态

（1）镜板摩擦面及法兰结合面都与轴线垂直，总轴线无摆度和曲折，如图 3-50（a）所示。

（2）镜板摩擦面与轴线不垂直，而法兰结合面与轴线垂直，总轴线无曲折，摆度按距离线性放大，如图 3-50（b）所示。

94

（3）镜板摩擦面与轴线垂直，而法兰结合面与轴线不垂直，总轴线有曲折，法兰处摆度为零，水导处有摆度，如图 3-50（c）所示。

（4）镜板摩擦面及法兰结合面与轴线均不垂直，两处不垂直方位相同、相反或成某一方位角等，总轴线有曲折、法兰及水导处均有摆度，如图 3-50（d）~（k）所示。

不论总轴线曲折情况如何，只要法兰及水导处摆度均符合规定即可。如果轴线曲折很小，而摆度较大，可采用刮削推力头底面或绝缘垫的方法来综合调整。只有用上述方法处理仍达不到要求时，才处理法兰结合面。

机组总轴线的测量，可按百分表在 x、y 方向的指示数，分别记录在表 3-13 中。

表 3-13 机组轴线测量记录 (0.01mm)

测点		测点记录							
		1	2	3	4	5	6	7	8
百分表读数	上导轴颈处 a 法兰盘处 b 水导轴颈处 c								
相对点		1~5		2~6		3~7		4~8	
全摆度	上导轴颈处 φ_a 法兰盘处 φ_b 水导轴颈处 φ_c								
净摆度	法兰盘处 φ_{ba} 水导轴颈处 φ_{ca}								

水导轴颈处的倾斜值

$$J_{ca} = \frac{\varphi_c - \varphi_a}{2} = \frac{\varphi_{ca}}{2} \tag{3-22}$$

式中　J_{ca}——水导轴颈处的倾斜值，mm；

　　　φ_c——水导处的全摆度，mm；

　　　φ_a——水导处的全摆度，mm；

　　　φ_{ca}——水导处的净摆度，mm。

刮削绝缘垫或推力头底面的最大厚度

$$\delta = \frac{J_{ca}D}{L_1 + L_2} = \frac{J_{ca}D}{L} = \frac{\varphi_{ca}D}{2L} \tag{3-23}$$

式中　δ——推力头或绝缘垫最大刮削厚度，mm；

　　　L_1——上导测点至法兰盘测点的距离，mm；

　　　L_2——水导测点至法兰盘测点的距离，mm；

　　　L——上导测点至水导测点的距离，mm；

其他符号同前。

处理法兰结合面时，需刮削或加斜垫的最大厚度为

$$\delta_\varphi = \frac{J_c D_\varphi}{L_2} = \frac{D_\varphi}{L_2}(J_{ca} - J_{cba})$$

$$= \frac{D_\varphi}{L_2}\left(J_{ca} - \frac{J_{ba}L}{L_1}\right) \qquad (3-24)$$

式中　δ_φ——法兰结合面应刮削或垫入的最大厚度，mm；

　　　J_c——由法兰结合面与轴线不垂直造成水导处的曲折倾斜值，mm；

　　　D_φ——法兰盘直径，m；

　　　J_{cba}——按法兰处倾斜值成比例放大至水导处的倾斜值，mm；

　　　J_{ba}——法兰处实际倾斜值，mm。

δ_φ 为正值时，该点法兰处应加金属垫，或在它的对侧刮削法兰结合面；δ_φ 为负值时，则在该点应刮削法兰结合面。

实例：

已知发电机上导至法兰两测点间的距离 $L_1 = 4$m，法兰至水导两测点间的距离 $L_2 = 3$m，推力头直径 $D = 1.6$m，机组额定转速 $n = 150$r/min。

表 3-14 中的数值为悬式水轮发电机组某次盘车记录。

表 3-14　　　　　　　　　　机　组　某　次　盘　车　记　录　　　　　　　　　(0.01mm)

测　　点		测　点　记　录							
		1	2	3	4	5	6	7	8
百分表读数	上导轴颈处 a	-4	-3	-2	0	-2	-2	-6	-8
	法兰盘处 b	-4	-21	-28	-18	-17	-13	-18	-8
	水导轴颈处 c	-3	-10	-29	-10	-11	9	20	13
相对点		1～5		2～6		3～7		4～8	
全摆度	上导轴颈处 φ_a	-2		-1		4		8	
	法兰盘处 φ_b	13		-8		-10		-10	
	水导轴颈处 φ_c	8		-19		-49		-23	
净摆度	法兰盘处 φ_{ba}	15		-7		-14		-18	
	水导轴颈处 φ_{ca}	10		-18		-53		-13	

（1）全摆度和净摆度计算：用式（3-17）、式（3-18），式（3-19）计算出全摆度及净摆度值，把计算结果填入表 3-14 中。

（2）绘制总轴线倾斜、曲折的主视图和俯视图：根据摆度计算结果，不难看出，发电机轴线在法兰处第八点摆度最大；由于法兰结合面与轴线不垂直，水轮机轴线又从法兰处的第八点折向水导处的第七点，如图 3-51 所示。

（3）分析相对摆度是否超过允许值：

法兰处的相对摆度

$$\frac{\varphi_{ba}}{L_1} = \frac{18}{4} = 4.5 > 3（允许相对摆度值）$$

水导处的相对摆度

$$\frac{\varphi_{ca}}{L} = \frac{53}{7} = 7.6 > 5（允许相对摆度值）$$

由以上的计算结果，不难看出，法兰、水导处的实际相对摆度均超过允许值，需要进行处理。

（4）计算最大刮削（加垫）厚度：从表 3-14 和图 3-51 都能看出，在法兰处轴线有曲折，但处理起来比较困难，这里只考虑在推力头处进行综合处理。

最大刮削（加垫）厚度

$$\delta = \frac{\varphi_{ca} D}{2L} = \frac{53 \times 1.6}{2 \times 7} \doteq 6 (道)$$

（5）抽出绝缘垫，标出最大刮削方位，等分刮削区并标出各区域的刮削量，如图 3-52 所示。

最大刮削点可定在 7、8 点之间，偏向 7 点。通过该点和垫的中心作一直径，将垫沿该直径七等分，各区域的刮削量见图 3-52。

四、励磁机整流子摆度测量与调整

当机组总轴线要调好或已经调好时，把励磁机电枢装于轴端，在整流子处的 x、y 方向装两只百分表进行测量。如整流子处的绝对摆度超过允许值，可在励磁机法兰组合面间加金属楔形垫进行调整。加垫厚度为

$$\delta_d = \frac{D_3}{L_3} j_3 \qquad (3-25)$$

式中　δ_d——励磁机法兰组合面最大加垫厚度，mm；

　　　D_3——励磁机轴法兰盘直径，m；

　　　L_3——励磁机轴法兰测点至整流子测点间的距离，m；

　　　j_3——整流子处轴线倾斜值，mm。

δ_d 为正值时，该点法兰处应加垫。

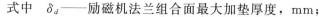

图 3-51　总轴线
倾斜、曲折示意

五、自调推力轴承的轴线测量与调整

自调推力轴承不仅能调节各推力瓦的受力，而且还能自动调节因镜板摩擦面与轴线不垂直而产生的部分倾斜，有利于减少机组运行中的摆度和振动。

对于自调性能较好，灵敏度较高的弹性推力轴承，如果事先将推力头与镜板间的绝缘垫经过刮平处理（或取消绝缘垫），则盘车时及运行中的摆度均很小，能够满足机组长期运行要求。但目前许多安装工地，为了提高安装质量，增加推力轴承自调的灵敏度，确保机组运行的稳定性，对具有自调推力轴承的机组，仍然照例进行轴线调整。

1. 液压支柱式自调推力轴承的轴线调整

用测量镜板摩擦面外侧上下波动值来代替轴

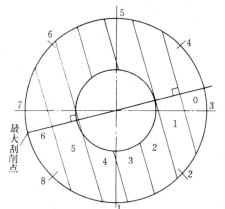

图 3-52　在绝缘垫上等分刮削区
确定刮削量

线的测量，其方法是：

（1）将上下两部导轴瓦抱住，轴瓦单侧间隙控制在 0.03～0.05mm 以内。

（2）在镜板摩擦面外侧 x、y 方位各装一只百分表。

（3）盘车测定镜板摩擦面上下波动值，其值不应超过 0.20mm。超过时，可刮削相应的绝缘垫或推力头底平面。

也可以把弹性油箱的钢套旋下作支承，使弹性油箱变成刚性，按刚性推力轴承进行轴线测量和调整，合格后再把钢套旋上，使其恢复弹性自调作用。

2. 平衡块式自调推力轴承的轴线调整

通常在各下平衡块两侧，用临时楔子板将其调平、垫死。按上述刚性推力轴承方式进行轴线测量和调整，合格后撤掉楔子板，使其恢复自调能力。

第七节　导轴承的安装与调整

当机组盘车及推力轴瓦受力调整均合格后，可进行各部导轴承的安装。

导轴承安装前，首先调整整个转动部分的中心，使水轮机止漏环和发电机空气间隙均匀，主轴处于机组的中心位置。

转动部分中心位置调整合格后，在水导处 x、y 方向装两只百分表，以监视主轴径向位移。在下止漏环间隙中成十字方向轻轻打入四条小楔铁，将主轴下端固定。当四条楔铁打紧后，水导处两只百分表仍应处于零位，不回零值不应大于 ± 0.02mm。

在调整导轴承间隙时，其中心应是机组的旋转中心，须根据设计间隙、盘车摆度及主轴位置进行。导轴承的调整应使其双侧间隙符合设计值，各部导轴承必须与旋转中心线达到同轴的要求。

调整的顺序可先调水导，后调上、下导；也可以同时进行。

一、导轴瓦应调间隙计算

1. 以上导中心为机组中心调各部导轴承

对悬式水轮发电机组，此时上导轴颈正处在机组的中心位置（轴线中心偏差 $e = 0$），其各部轴承应调间隙计算如下：

（1）上导轴瓦应调间隙计算

$$\delta_{a0} = \delta_{a180} = \delta_{as} \qquad (3-26)$$

式中　δ_{a0}——上导轴瓦应调间隙，mm；

δ_{a180}——上导轴瓦相对侧应调间隙，mm；

δ_{as}——上导轴瓦单侧设计间隙，mm。

（2）下导轴瓦应调间隙计算

$$\delta_{x0} = \delta_{xs} - \frac{\varphi_x}{2} = \delta_{xs} - \frac{\varphi_{ba} L_x}{2L_1} \qquad (3-27)$$

$$\delta_{x180} = 2\delta_{xs} - \delta_{x0} \qquad (3-28)$$

式中　δ_{x0}——下导轴瓦应调间隙，mm；

δ_{x180}——下导轴瓦相对侧应调间隙，mm；

δ_{xs}——下导轴瓦单侧设计间隙，mm；

φ_x——下导处净摆度，mm；

φ_{ba}——法兰处净摆度，mm；

L_x——上导测点至下导测点间的距离，m；

L_1——上导测点至法兰测点间的距离，m。

（3）水导轴瓦应调间隙计算：根据水导处的盘车摆度及机组中心偏移值（轴线中心偏差 $e \neq 0$），计算并调整水导轴瓦的间隙，其计算见第二章第五节中的公式（2-1）。

2. 以水导中心为机组中心调各部导轴承

当水轮机导轴承已安装完毕，主轴处在水导轴承内任意位置时，则发电机的上、下导轴瓦间隙应按水导轴瓦的实测间隙来计算。

（1）上导轴瓦应调间隙计算（图3-53）

$$\delta_{a0} = \delta_c + \frac{\phi_{ca}}{2} - (\delta_{cs} - \delta_{as}) \qquad (3-29)$$

$$\delta_{a180} = 2\delta_{as} - \delta_{a0} \qquad (3-30)$$

（2）下导轴瓦应调间隙计算（图3-54）

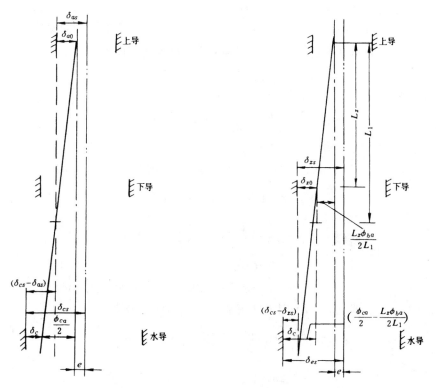

图 3-53 上导轴瓦应调间隙计算图　　　图 3-54 下导轴瓦应调间隙计算图

$$\delta_{x0} = \delta_c + \left(\frac{\phi_{ca}}{2} - \frac{\phi_{ba}L_x}{2L_1}\right) - (\delta_{cs} - \delta_{xs}) \qquad (3-31)$$

$$\delta_{x180} = 2\delta_{xs} - \delta_{x0} \qquad (3-32)$$

式中　δ_c——水导轴瓦相应点的实测间隙，mm；

ϕ_{ca}——水导处的净摆度，mm；

δ_{cs}——水导轴瓦单侧设计间隙，mm；

其他符号同前。

如果上、下导轴瓦结构位置不在同一方位上时，调瓦还要酌量修正其错位的影响。

对伞式机组，由于推力轴承安装在转子下方，因此上下导轴承的工作条件进行了互换，计算轴瓦间隙的公式也要作相应的互换。

对采用液压自调推力轴承的机组，由于液压自调推力轴承有很好的自调性能，因此，各部导轴承的间隙可按设计值平均分配，不考虑摆度。如果主轴不在中心，仅从平均值中减去偏心值即可。

实例：

某台悬式水轮发电机组轴线调整后，水导处最大摆度在 3 点，其值为 0.10mm；法兰处最大摆度也在 3 点，其值为 0.08mm。上导单侧设计间隙为 0.15mm；下导单侧设计间隙为 0.20mm；水导单侧设计间隙为 0.20mm。上导测点至法兰处测点间的距离为 5.4m；上导测点至下导测点间的距离为 3.8m。水导轴承安装后已与固定止漏环同轴。主轴在水导轴承内任意位置，在水导轴承处用顶轴方法测得四点间隙分别为 $\delta_{c1}=0.25$mm；$\delta_{c3}=0.10$mm；$\delta_{c5}=0.15$mm；$\delta_{c7}=0.30$mm。求上、下导轴瓦相应的应调间隙值。

按式（3-29）、式（3-30）计算上导轴瓦各点的应调间隙值

$$\delta_{a1}=\delta_{c1}+\frac{\varphi_{ca1}}{2}-(\delta_{cs}-\delta_{as})$$

$$=0.25+\frac{0}{2}-(0.20-0.15)$$

$$=0.20(\text{mm})$$

$$\delta_{a5}=2\delta_{as}-\delta_{a1}=2\times0.15-0.20=0.10(\text{mm})$$

$$\delta_{a3}=\delta_{c3}+\frac{\varphi_{ca3}}{2}-(\delta_{cs}-\delta_{as})$$

$$=0.10+\frac{0.10}{2}-(0.20-0.15)$$

$$=0.10(\text{mm})$$

$$\delta_{a7}=2\delta_{as}-\delta_{a3}=2\times0.15-0.10=0.20(\text{mm})$$

按式（3-31）、式（3-32）计算下导轴瓦各点的应调间隙值

$$\delta_{x1}=\delta_{c1}+\left(\frac{\varphi_{ca1}}{2}-\frac{\varphi_{ba1}L_x}{2L_1}\right)-(\delta_{cs}-\delta_{xs})$$

$$=0.25+\left(\frac{0}{2}-\frac{0\times3.8}{2\times5.4}\right)-(0.20-0.20)$$

$$=0.25(\text{mm})$$

$$\delta_{x5}=2\delta_{xs}-\delta_{x1}=2\times0.20-0.25=0.15(\text{mm})$$

$$\delta_{x3}=\delta_{c3}+\left(\frac{\varphi_{ca3}}{2}-\frac{\varphi_{ba3}L_x}{2L_1}\right)-(\delta_{cs}-\delta_{xs})$$

$$=0.10+\left(\frac{0.10}{2}-\frac{0.08\times3.8}{2\times5.4}\right)-(0.20-0.20)$$

$$=0.12(\text{mm})$$

$$\delta_{x7}=2\delta_{xs}-\delta_{x3}=2\times0.20-0.12=0.28(\text{mm})$$

二、导轴瓦间隙调整

安装前，应事先检查导轴瓦的绝缘，合格后在瓦面上涂透平油保护，按编号放于轴瓦的绝缘托板上。导轴瓦调整应由两人在对侧同时进行，并用百分表监视，主轴不应变位。

调整时，用两只小千斤顶（图3-55）或两个楔形块（图3-56），在瓦背两侧把导轴瓦顶靠轴颈，顶好后主轴应保持在原来位置不变。然后调整支持螺钉球面与瓦背面的间隙，使之符合计算值，最后把支持螺钉的螺母锁住，再次复查间隙，合格后，即可进行下一对瓦的调整工作。

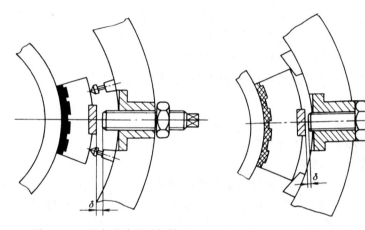

图3-55 用小千斤顶顶紧轴瓦   图3-56 用楔形块顶紧轴瓦

所有瓦均调好后，折螺母锁定片的角，装导轴瓦上压板，它与导轴瓦间的间隙应保持在0.3～0.5mm之间。最后清扫油槽内部。安装轴承其他零部件。

复 习 思 考 题

1. 水轮发电机可分为哪些种类型？何为悬式发电机、伞式发电机、全伞式和半伞式发电机？较详细叙述发电机的定子结构和转子结构。

2. 常用推力轴承有哪三种结构型式？每一种的详细结构？液压支柱式和平衡块式推力轴承都有哪些优点？

3. 述说悬式水轮发电机的一般安装程序。

4. 磁轭铁片清洗分类的目的和程序？在什么样的条件下铁片可以不分类？

5. 轮毂烧嵌的定义、目的和方法。

6. 轮毂膨胀量和加热温度的计算。

7. 轮臂连接后，应进行哪些项目的检查？怎样检查？

8. 磁轭堆积前的准备工作。

9. 怎样进行铁片压紧工作？叠压系数的两种计算方法是什么？

10. 磁极挂装前，要进行哪些检查和修理工作？

11. 磁极挂装就位后，其中心点高程是怎样确定的？

12. 怎样进行磁极外表圆度的测量与调整？

13. 为什么要进行热打磁轭键？热打键的打入长度及磁轭与轮臂的温差怎样计算？

14. 发电机转子的静平衡计算方法有几种？每一种都是怎样进行计算的？

15. 专家们对发电机转子整体化问题都提出了哪些宝贵的建议？

16. 在安装工地，如何进行发电机定子机座的拼焊和铁芯的无隙装配工作？

17. 定子铁芯压装的新技术有哪些？

18. 怎样进行发电机定子的安装调整工作？

19. 发电机转子吊入机坑前的准备工作？

20. 发电机转子吊入机坑后，怎样进行标高、水平、中心的测量和调整？

21. 怎样进行刚性支柱式推力轴承的安装？镜板的安装高程如何确定？

22. 怎样进行转子重量的转换工作？

23. 刚性支柱式推力轴承受力调整方法一般有哪三种？分别叙述之。

24. 为什么要进行机组轴线测量和调整？在什么条件下，可不进行机组轴线的测量和调整？

25. 什么叫盘车？盘车动力有几种？分别叙述之。

26. 发电机轴线测量前的准备工作。

27. 怎样进行盘车测量？

28. 什么叫全摆度、净摆度、相对摆度和绝对摆度？

29. 下表为某台机组的轴线测量记录。计算全摆度和净摆度；绘出轴线倾斜、曲折的主视图和俯视图。

测　　点		1	2	3	4	5	6	7	8
百分表读数	上导轴颈处 a	-4	-3	-3	0	-2	-2	-7	-8
	法兰盘处 b	-4	-21	-28	-18	-17	-13	-18	-8
	水导轴颈处 c	-5	-55	-103	-105	-96	-63	-41	-4

30. 发电机轴线产生摆度的原因是什么？造成镜板摩擦面与轴线不垂直的因素又有哪些？消除或减小摆度的方法是什么？

31. 怎样进行绝缘垫的刮削？

32. 怎样进行导轴瓦应调间隙的计算？

33. 已知主轴处于中心位置。盘车合格后法兰处的净摆度值分别为 $\varphi_{ba1} = 0.04\mathrm{mm}$；$\varphi_{ba6} = 0.02\mathrm{mm}$；$\varphi_{ba7} = 0.04\mathrm{mm}$；$\varphi_{ba8} = 0.08\mathrm{mm}$。下导轴瓦的单侧设计间隙 $\delta_{xs} = 0.12\mathrm{mm}$。上导处测点至法兰处测点间的距离 $L_1 = 4\mathrm{m}$；上导测点至下导处的距离 $L_x = 3\mathrm{m}$。求下导每块瓦（8块瓦）的应调间隙。

34. 怎样进行导轴瓦间隙的测量和调整？

35. 根据题29表中的测量记录和计算结果，分析轴线情况及出现这种轴线的原因，提出处理意见及具体处理办法。

第四章 卧式机组的安装

第一节 概　述

卧式机组是指其轴线呈水平布置的水轮发电机组，这类机组包括小型混流式水轮发电机组，贯流式机组及其冲击式机组，由于卧式混流机组容量小，转速高，尺寸较小，由于这类机组和冲击式机组的主要部件均布置在厂房地平面以上，安装、运行和维护检修均较方便。使厂房结构也大大简化，如图 4-1 所示。

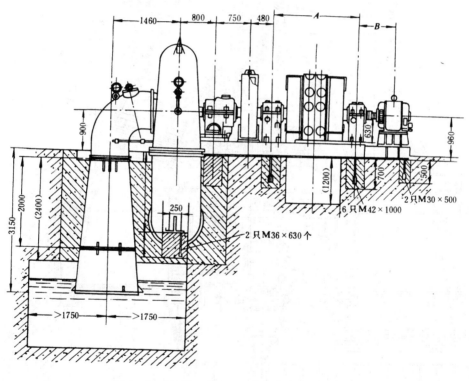

图 4-1　HL220-WJ-71水轮发电机组布置图

贯流式机组，如图 4-2 所示，实际上是用来开发低水头水能的轴流式机组，整个机组均布置在水下，引排水部件成直线布置，水流围绕机组直贯而过，减少了水力损失，提高了水轮机的单位流量和单位转速，其水力性能高于立式同型机组，因而在低水头电站得到广泛应用；但由于其布置和结构的特殊性，给安装、运行和维护检修带来极大麻烦。

由于卧式机组布置和结构与立式机组的差异，使卧式机组某些部件的安装工艺与立式机组有本质的不同，在某些方面所考虑的问题更复杂、要求更高。

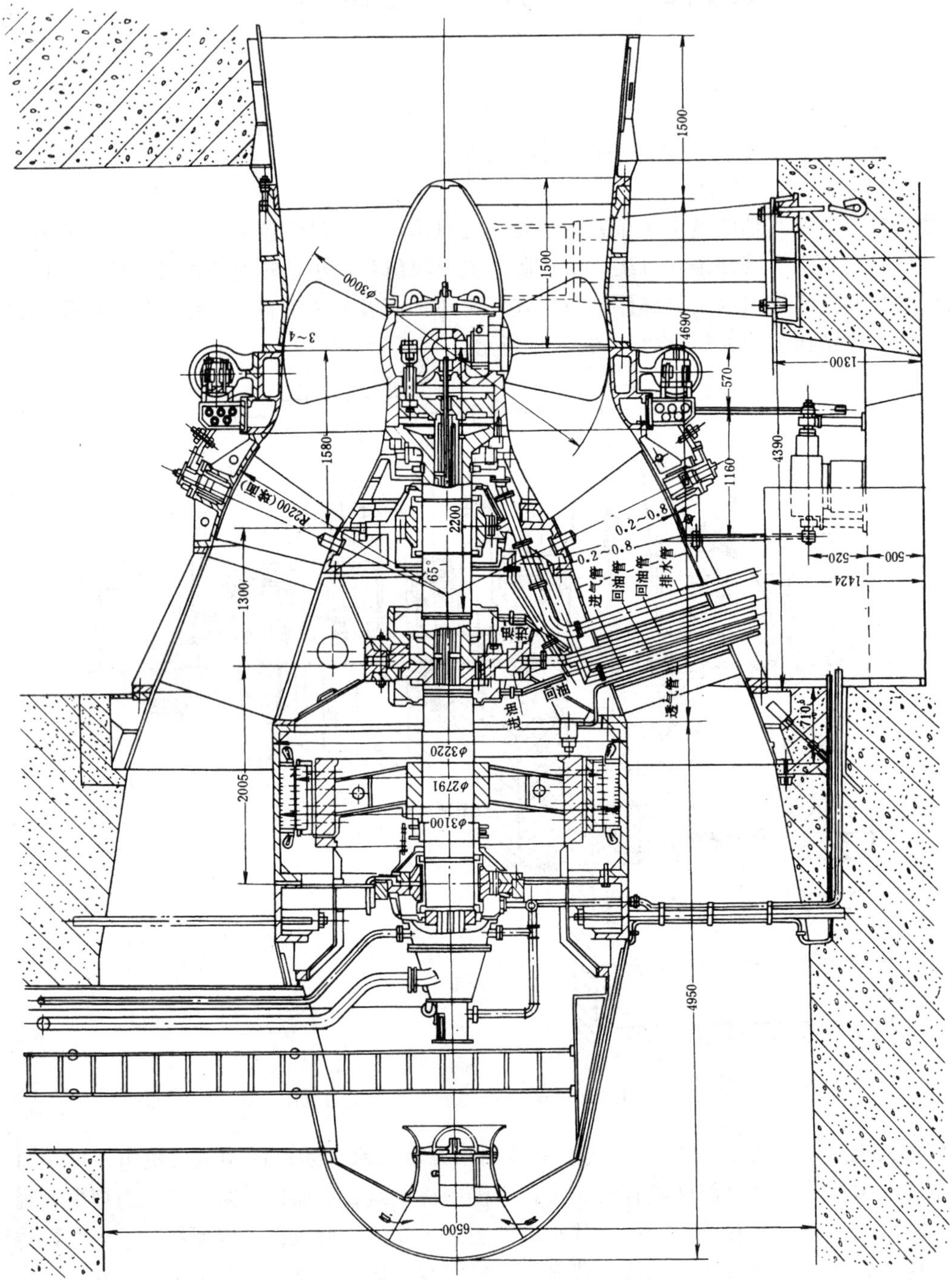

图 4-2 GD003-WP-300 水轮发电机组总图

卧式机组轴线的基准钢琴线的找正，需要特殊的方法；由于转动部件安装后轴线的自由挠度对同轴度的影响；发电机受热轴伸长对轴向安装尺寸的影响，所以对某些部件的安装质量不容忽视；导轴承不但起导向作用，而且承受着比立式机组更大的单位荷载，所以对刮瓦的质量要求更严格；发电机转子与定子的组装则要求有配重；贯流式机组导水机构结构特殊，齿轮系统的安装则在卧式机组安装中更是独特的。

尽管如此，卧式机组安装中某些工艺方法与立式机组的安装还是相类似的。如卧式机组的安装准备工作，埋设部分的安装和二期混凝土的浇注，部件水平、标高、中心的找正方法等。

下面以卧式混流机组的安装为主，介绍卧式机组的安装工艺；对贯流式机组，只介绍其安装特点；对冲击式机组，这里只介绍水斗式水轮机的安装。

第二节 卧式混流式水轮机安装

卧式机组安装前，除作好设备验收，清点工作外，还要根据制造厂说明书和设计图纸对预埋的引水管口、尾水管预留孔位及各基础螺栓孔位置进行测量检查，及早发现问题及时处理。

卧式混流式水轮机安装的主要项目有：埋设部分的安装，蜗壳安装，基座及轴承的安装，水轮机转动部分的安装，轴线调整等项。

一、埋设部分的安装

卧式混流式机组埋设部分包括主阀、伸缩节、进水弯管。通常把这几件组合成一体，吊装就位后进行一次性调整，以减少调整工作量。调整合格后，加以固定，浇注二期混凝土。

二、蜗壳安装

卧式混流式水轮机的蜗壳通常与座环浇铸（焊）成整体，并与导水机构组装成整体到货的。蜗壳安装仍然是将这些部件分解清扫组装成整体后进行的，这样使部件组装更为方便，更能保证装配质量。

蜗壳的吊装就位是在埋设部分的二期混凝土养生合格后进行的。为了保证连接质量，减少调整工作量，也可以与进水弯管、伸缩节、主阀连成整体一次调整，如图4-3所示。

1. 蜗壳的垂直调整

蜗壳的垂直度，直接影响到机组轴线的水平以及转轮与固定止漏环的同心性，要严格控制。调整方法有：

（1）方形水平仪法：用方形水平仪直接靠在蜗壳的加工面上测量，方法比较简单，精度可达到 $0.02\sim0.04$mm/m。

（2）吊线电测法：在靠近加工面2、4两点（图4-4）处悬吊一根钢琴线，用听声法测量2-2、4-4两点的距离。这种方法的精度可达到 0.02mm/m。

考虑到安装尾水管可能把蜗壳拉斜，因此，一般使蜗壳向顶盖方向倾斜 $0.05\sim0.1$mm/m。

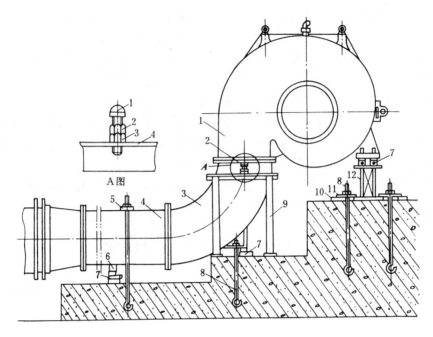

图 4-3　进水弯管和蜗壳的支架

1—蜗壳；2—顶丝（A图）；3—进水弯管；4—进水管；5—压梁；6—支承架；7—斜面
调整垫铁；8—地脚螺栓；9—进水支承；10—垫铁；11—压铁；12—蜗壳尾部支承架
A图：1—带球头螺栓；2—锁紧螺母；3—螺母；4—角钢支承架

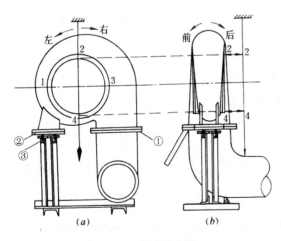

图 4-4　蜗壳的安装
（a）蜗壳后视图；（b）蜗壳侧视图

2. 蜗壳左右偏斜调整

蜗壳左右偏斜要求精度不高，可以用水平尺测量加工面上 1、3 两点的水平度即可，如图 4-4 所示。如果偏斜太大，可用支承架 12 上的 7 进行调整（图 4-3）。

三、尾水管安装

蜗壳调好后，为防止装尾水管及浇二期混凝土时使蜗壳变位，要对已调好的蜗壳进行临时加固，然后才能吊装尾水管。

将尾水管吊到安装位置就位后，在安装与调整过程中不要使蜗壳受力，以免把蜗壳拉偏。所以在尾水管调整过程中要靠钢支架和拉紧器承受其重量。在尾水管与蜗壳连接时以及浇注二期混凝土时，要严密监视蜗壳的垂直度。

四、基础底板的安装调整

卧式机组的基础底板，大部分由型钢焊成整体，机座组合面经过刨铣加工。尺寸较大的则分成两块或多块。

基础底板安装前，先初步按机组中心线和基准高程点把放置底板的地面凿毛，在适当的位置放上垫板，并在每块垫板上放上一对楔铁，找好楔铁顶面高程，然后把基础底板放在楔铁上。

待蜗壳的二期混凝土养生到一定强度后，拆下尾水管弯管段，在蜗壳的后法兰面上固定上前求心器，如图4-5所示，在发电机后轴承座稍外一些焊上线架，在线架上固定后求心器（小刀架）。挂上钢琴线，以座环内镗孔为基准，用环形部件测中心的方法，调整钢琴线在机组中心上。

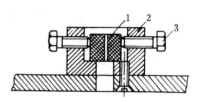

图4-5 前求心器
1—绝缘棒；2—求心座；3—调整螺栓

在基础底板上顺钢琴线架上机修直尺，如图4-6所示，用方形水平仪测量直尺的水平，用直尺下的楔铁调整直尺的水平，水平度控制在0.02mm/m以内。然后用游标高度尺测钢琴线距机修直尺两端的高度，如高度一致，则钢琴线就水平了。

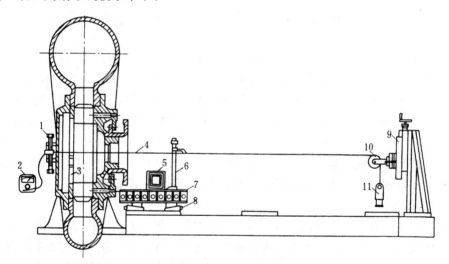

图4-6 钢琴线中心找正
1—前求心器；2—万用电表；3—内径千分尺；4—钢琴线；5—方形水平仪；6—高度尺；
7—机修直尺；8—调整楔铁；9—车床小刀架；10—滑轮；11—重锤

移动基础底板，使其中心线与钢琴线在一个垂直平面内。底板的轴向位置这样测量：根据实测的转轮下环端面到推力盘摩擦面的尺寸确定。用精密水准仪或方形水平仪和游标高度尺测量底板的水平和高程，调好后固定，浇基础底板二期混凝土。

五、轴承安装

卧式机组轴承的安装是卧式机组安装的关键工序，对机组的安全运行起决定性的作用。轴承安装包括刮瓦、轴承座安装和轴承间隙调整。

1. 轴瓦刮研

在通常情况下，滑动轴瓦已在制造厂经过刮研，工地安装时，只需要做校验性的精刮。

刮瓦通常是在主轴还未吊装之前进行的。轴颈清扫干净后，将半块瓦扣在轴颈上沿圆周方向往复研磨，检查轴瓦亮点的分布情况，要求在瓦中心 $60°\sim70°$ 夹角内布满细而匀的显示点，如图 4-7 所示，每 cm^2 上有 $2\sim3$ 个显示点。不合格时，应进行修刮。用三角刮刀先将大点剔碎，密点刮稀，刮瓦时向一个方向进行，遍与遍之间刀痕方向应相互成垂直。刮完后用白布沾酒精或甲苯清洗瓦面及轴颈，重复上述研瓦及刮瓦方法，反复进行，直至轴瓦显示点密度和分布面积达到要求为止。

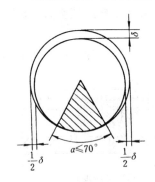

图 4-7 轴瓦接触角及间隙示意图

必须注意，在轴瓦中心 70° 以外的接触点是不允许的，应逐渐刮低使两侧逐步扩大成楔形间隙，边缘最大的间隙为设计顶间隙的一半。

最后按图纸尺寸刮出油沟。通常只允许在对开瓦合缝两侧或进油侧开纵向进油沟，但两端需留出不小于 15mm 的封头，以防止润滑油从两端溢出，在上瓦顶部应开进油孔及横向进油沟。严禁在下瓦工作面上开任何油沟，否则将会破坏油膜，降低轴承的承载能力。

对于轴颈直径小于 600mm 的轴承，轴瓦研磨要在假轴上进行。假轴直径等于轴颈与双边间隙之和，假轴外圆柱面的粗糙度与轴颈相同。刮瓦要求每平方厘米有 $1\sim3$ 个接触点。这样刮出来的瓦，在机组起动过程中能很快地建立起油膜，并且在运行中稳定地保持楔形油膜。当轴颈直径大于 600mm 时，为了节省制造假轴的费用，可直接在轴颈上研瓦。

轴瓦的精刮是在轴承座上进行。吊上主轴，用"干研法"（即不加显示剂）转动转子，然后取出轴瓦检查挑点，使其在实际位置及实际负荷下仍能满足要求。

2. 轴承座安装

轴承座的安装基准则根据机型不同而不同。对卧式混流式机组则以止漏环为基准；贯流式机组则以转轮室为基准；冲击式机组则以机座中心为基准。按上述基准挂钢琴线，精确调整钢琴线的水平和中心位置。然后用环形部件测中心的方法测量各轴瓦两端最下一点和两侧到钢琴线的距离，使两侧距离相等，距最下一点等于轴颈的半径。轴承同轴度的调整必须严格进行，因为任何方向的偏差都将使转动部分和支承部分发生有害的振动，使轴承承载不均匀。

轴承轴向的位置应根据轴颈的实际尺寸确定，并要考虑发电机受热的伸长量和开机时的自由轴向窜动。热伸长量一般制造厂给出。若制造厂没有给出时，可由下式估算

$$f=0.012TL \quad (mm) \tag{4-1}$$

式中　T——发电机转子温度高于环境温度值，℃；

L——两轴颈中心距，m。

轴承座调整合格后拧紧组合螺钉，钻配临时销钉，轴承座最后用永久销钉定位是在机组连轴盘车后进行。

轴承座调好后，拆下钢琴线、发电机的后部轴承，以利于机组转动部分的安装。

3. 轴承间隙调整

轴承间隙大小直接影响到机组运行稳定性和轴承的温度。对机组安全运行至关重要。轴承间隙的大小决定于轴瓦单位压力，旋转线速度，润滑方式等因素。制造厂均有明确要求，通常在轴颈的 $0.1\% \sim 0.2\%$ 范围内，高速机组取小值，低速机组取大值，轴径大于 500mm 的取小值。对于采用压力油润滑方式的轴瓦，其间隙可适当增大些。

轴承间隙调整需待机组轴线调整完毕后进行。

轴承间隙测量方法通常用塞尺，较小的轴承用压铅法。

（1）塞尺法：在扣上上瓦块之前，先用塞尺测量下瓦两端两侧间隙，同侧两端间隙应大致相等，误差不大于 10%，最小间隙不应小于规定顶间隙的一半。不合要求，取出刮大。

侧间隙调好后，以定位销定位，扣上上瓦，把紧上下瓦块组合螺栓。要注意螺栓紧力要均匀。然后用塞尺检查顶间隙及上瓦侧间隙，其值应符合要求。顶间隙过小时，可在上下瓦组合缝处加紫铜片调整之

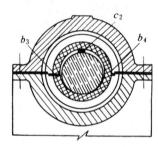

（2）压铅法：侧向间隙测量和调整与上述方法相同。顶间隙测量则利用在合缝处和轴颈顶上放电工用的保险丝，然后扣上上瓦，把紧螺栓，保险丝被压扁，再拆开上瓦，测被压扁保险丝的厚度来计算轴瓦顶间隙。保险丝直径约为顶间隙的 $1.5 \sim 2$ 倍，长 $10 \sim 20$mm。保险丝的放置情况，如图 4-8 所示。

轴瓦一端的顶间隙为

$$a_1 = c_1 - \frac{b_1 + b_2}{2} \qquad (4-2)$$

轴瓦另一端的顶间隙为

$$a_2 = c_2 - \frac{b_3 + b_4}{2} \qquad (4-3)$$

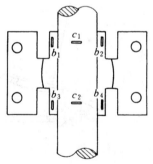

式中　a_1——轴瓦一端的顶部实际间隙，mm；

　　　c_1——轴瓦一端的顶部压铅厚度，mm；

　　b_1、b_2——轴瓦一端的左右合缝处的压铅厚度，mm；

　　b_3、b_4——轴瓦另一端左右合缝处压铅厚度，mm；

　　　a_2——轴瓦另一端顶部实际间隙，mm；

　　　c_2——轴瓦另一端顶部压铅厚度，mm。

图 4-8　用压铅法测量轴瓦间隙

顶间隙调整法与用塞尺测量时的调整法相同。

轴瓦间隙合格后，正式装配轴承。用酒精把轴颈、轴瓦及油腔内部擦净，安装密封环及上轴承盖，然后安装轴承上的其他部件。

六、水轮机转动部分安装

轴承座安装调整合格后，把水轮机轴和飞轮吊放在轴承座上，等待发电机转子吊入后一起找正。

水轮机转轮的安装要在盘车合格之后才能进行。

第三节　贯流式水轮机安装

大型贯流式水轮机，大多是灯泡式结构，其转动部分为悬臂结构。水轮机轴和发电机轴直接连接。靠水轮机轴承和发电机轴承支承，如图 4-2 所示。小型灯泡贯流式机组则有增速齿轮装置。

为改善水流条件，灯泡贯流式机组一般采用锥形导水机构，如图 4-9 所示。导水机构除设有普通接力器外，还设有重锤接力器，保证在无油压时靠重锤作用关机，确保安全。

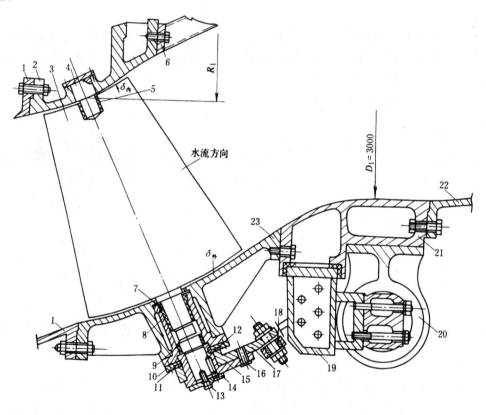

图 4-9　锥形导水机构

1—座环；2—内导环；3—锥形导叶；4—导叶短轴；5—内轴套；6—密封座；7—中轴套；8—套筒；
9—外轴套；10—压圈；11—橡皮圆；12—压板；13—调整螺钉；14—端盖；15—拐臂；16—剪断销；
17—连接板；18—球铰；19—控制环；20—环形接力器；21—导流环；22—轮机室；23—外导环

径向导轴承均采用自整位轴承，能随轴的摆度自行调整，保证与轴颈有良好的接触，以避免偏磨。

有的贯流式水轮机受油器与水轮机导轴承结合在一起，称为受油导轴承，如图 4-10 所示。这种结构可改善轴承润滑条件，使结构更紧凑。

为承受水轮机正反向水推力设有双向推力轴承，如图 4-11 所示。

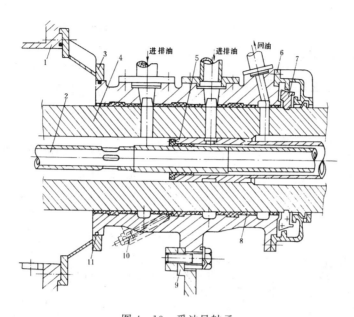

图 4-10 受油导轴承

1、9—轴承支承架；2—内受油回复管；3—轴承辅助支架；4—主轴；5—外受油管；
6—轴承端盖；7—甩油环；8—轴瓦；10—测温计；11—橡皮圆

由于卧式轴承单位负荷很大，为改善润滑条件，避免烧瓦，常采用高压油顶起装置，如图 4-12 所示，当机组起动或停机过程中在机组转速低于 60％ 额定转速时，高压油泵起动，高压油顶起主轴，以保证轴与瓦间形成油膜。

由于贯流式机组结构的特殊，决定了其安装工艺与其他机组不同，下面将其安装程序及要点介绍如下。

（1）埋设部分安装：贯流式水轮机埋设部分包括基础环、座环和尾水管，如图 4-13 所示。这些部件都是管状，呈水平布置，由法兰与其他部件相接，所以其法兰的平直度和垂直度以及中心偏差直接影响到与其他连接件位置的准确性及连接质量。因此必须严格控制，法兰面的不垂直度不应大于 0.03mm/m，其中心和高程偏差应在 ±1mm 以内。

为了节省调整时间，保证连接质量，通常把基础环和座环组合后一起安装调整，严格调整导水机构的圆度以保证导叶的安装质

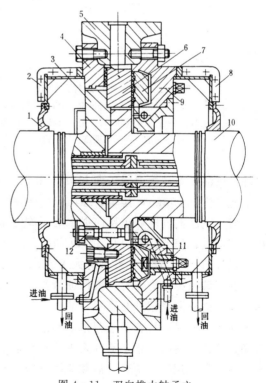

图 4-11 双向推力轴承之一

1—封油环；2—轴承盖；3—发电机轴；4—反向推力盘；
5—机座；6—镜板；7—推力轴瓦；8—轴承端罩；
9—轴承座；10—主轴；11—调节螺栓；12—连轴螺栓

111

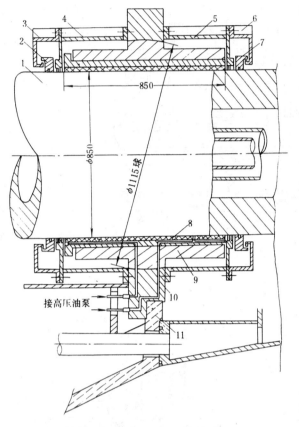

图 4-12 静动压结合径向轴承

1—主轴；2—后密封转环；3—后轴承端罩；4—后轴承罩；
5—前轴承罩；6—前轴承端罩；7—前密封转环；8—轴瓦；
9—球圆支承；10—球面座；11—机壳

量。当中心和组合面的垂直度调好后，可钻铰组合面上的定位销钉孔。

（2）锥形导水机构安装：锥形导水机构（见图4-9），在安装内导环前，要复查座环内圈组合面的不垂直度应在0.03mm/m以内。安装时，测量内导环导叶内轴孔中心至机组中心线的距离，与设计值之差应在0.05mm以内。内导环与密封座的组合面不垂直度应在0.03mm/m以内。同时记录各导叶内轴孔间之距离。上述各项合格后，可将组合螺栓紧固，但不能钻铰销钉孔。

将导叶按全开位置插入外导环轴孔内，装上套筒、拐臂、止漏装置、连接板等，并用调整螺钉调整导叶外端部与外导环的间隙 $\delta_{外}$。在内导环内插入导叶短轴，检查导叶转动的灵活性，如有别劲现象，可移动导叶短轴位置，或处理导叶短轴与内导环配合面，并检查导叶内端部与内导环的间隙 $\delta_{内}$。当上述工作完成后，可钻铰内导环与座环内圈的定位销钉孔。

将导叶全关，控制环处于全关位置，将连杆调整到设计长度，连接控制环，用油压推动接力器关紧导叶，用塞尺测量其立面间隙，要求应在0.05mm以内，局部允许为0.15mm，其间隙总长应小于导叶长度的1/4。

对于正反向发电和正反向泄水的潮汐电站机组应检查正向水轮机工况时的导叶最大开度，其与设计值的误差应在3%以内。反向水轮机工况和正反向泄水时的导叶极限开度，其与设计值90°比较，偏差不应大于±2°。

在安装重锤接力器时，要保证活塞与活塞缸、导管与上下缸盖间隙均匀。做耐压试验时，仅允许止漏盘根处有滴状渗油。

在无油压时，检查重锤在吊起和落下时，连杆、摇臂、转轴及重锤臂连接处有无别劲现象。重锤下落时，检查重锤是否落在托盘上。托架的弹簧弹力是否足够。

在油压作用下，应作开启和关闭试验，并应作失去油压时，在重锤作用下的自行关闭试验。

（3）转轮组装：贯流式转轮实际是轴流转桨式转轮，其组装工艺过程与第二章第六节相同。

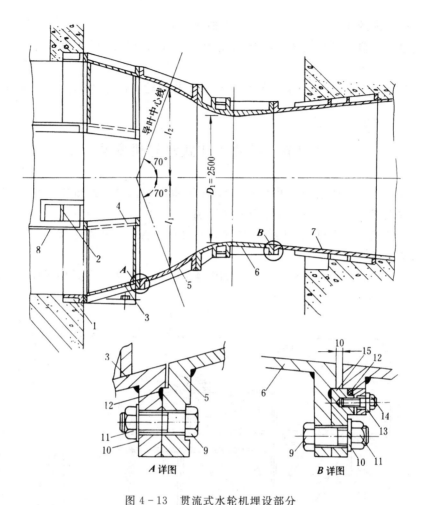

图 4-13　贯流式水轮机埋设部分

1—基础环；2—行星齿轮座；3—座环外圈；4—座环内圈；5—外导环；6—转轮室；
7—尾水管里衬；8—行星齿轮座圈；9—组合螺栓；10、13—弹簧垫圈；11—螺母；
12—止漏橡皮圈；14—紧固螺钉；15—压环

（4）导轴承安装：导轴承的刮瓦和安装调整要求与一般对开式滑动轴承要求一样，对于受油导轴承的受油部分要做耐压试验。受油管上轴套的间隙要符合要求。

（5）水轮机转轮和轴通常是在安装场组合为一体后，一起吊入安装。泄水锥一般待转轮吊入后再安装，以减少安装尺寸。吊装转轮与组合件时要在主轴端配重。

（6）卧式机组因转轮是悬臂安装的，在重力和水推力作用下转轮端下垂，在安装时要测量转轮的下垂量。其方法是：待转轮与主轴的组合件吊入后，在转轮叶片与转轮室间加楔铁，用来调轴的水平。测定转轮室与转轮叶片下侧之间隙 Δ_1，待发电机和水轮机连轴后，撤掉楔铁，再测其间隙 Δ_2，则转轮下垂量 $\varepsilon = \Delta_1 - \Delta_2$。如果发电机转子也是悬臂结构，也可用同样方法测发电机转子的下垂量。

（7）发电机与水轮机连轴后进行盘车测量机组的轴线状态。不合格要加以处理。

（8）根据机组轴线状态、转轮和转子的下垂量，调整机组中心，使转轮（转子）在转轮室（定子内）内的间隙均匀，方法是调整轴承座下的垫片。

（9）通过盘车检查轴承与轴颈的配合情况，不合格时应进行处理，同时对轴瓦进行研刮。

（10）当上述工作完成后，装上导环、导流环及转轮室的上半部分。再进行其他零部件的安装。

第四节 卧式水斗式水轮机安装

卧式水斗式水轮机的结构（见图 2-6），一般由两个转轮（见图 2-3）推动一台水轮发电机，以提高机组出力，每个转轮有两个喷嘴。

水斗式水轮机主要由机壳、转轮、喷嘴、喷针以及控制机构等组成。

一、机壳安装

大型卧式水斗式水轮机的机壳结构，如图 4-14 所示，大部分是用螺栓分件组合的。

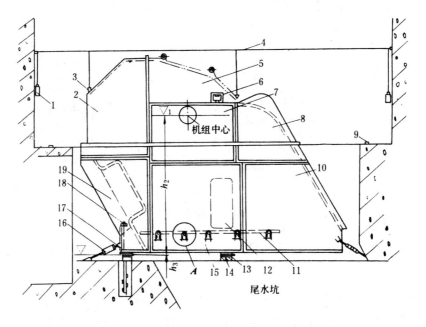

图 4-14 卧式水斗式水轮机机壳

1—重锤；2—前上机壳；3—线锤；4—钢琴线；5—机壳盖；6—方形水平仪；7—侧上机壳；
8—后上机壳；9—测量基准点；10—后下机壳；11—稳流栅；12—进人门；13—基础垫板；
14—混凝土支墩；15—侧下机壳；16—拉紧器；17—楔子板；18—基础螺栓；19—前下机壳

为了便于调整机壳的高程和水平，可在一期混凝土上加设几个混凝土支墩 14，支墩上埋有基础垫板 13。

1. 机壳分解、清扫及组合

在正式安装前，应对机壳进行分解、清扫及组合，要求组合面用 0.05mm 塞尺通不过，允许局部有 0.15mm、深度小于组合面宽度 1/3 的间隙。组合时，组合面应涂以铅油，内表面涂环氧红丹漆，外表面如为埋入混凝土部分，宜刷水泥灰浆。组合后，为防止安装时变形，内部应加支撑。

2. 机壳安装

可先安装下部机壳，如图4-15所示。按图纸要求，将固定钢梁（工字钢）焊于机壳底部，然后把稳流栅吊于钢梁上，用U型螺栓和夹板固定。

将已组合好的下部机壳吊入安装位置后，先用楔子板初步调整，再根据 x、y 基准点，挂上钢琴线进行中心、高程和水平的找正，如图4-15、图4-16所示。也可以把前上机壳、侧上机壳和后上机壳一起装上同时找正。

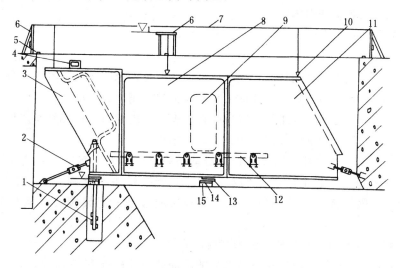

图4-15 下部机壳安装

1—基础螺栓；2—拉紧器；3—前下机壳；4—方形水平仪；5—测量基准点；6—挂线架；7—钢琴线；8—侧下机壳；9—进人孔；10—线锤；11—后下机壳；12—稳流栅；13—楔子板；14—基础垫板；15—混凝土支墩

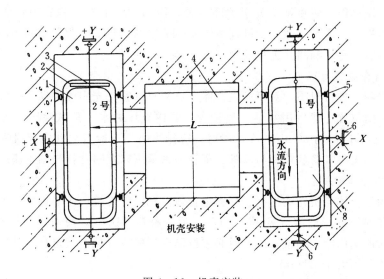

图4-16 机壳安装

1—2号机壳；2—水平梁；3—方形水平仪；4—发电机机坑；
5—千斤顶；6—中心架；7—测量基准点；8—1号机壳

115

双轮水斗式水轮机中心距 L 值可按下式计算

$$L = L_1 + 2b + \Delta l \qquad\qquad (4-4)$$

式中 L_1——两转轮间实测主轴长度，mm；

     b——转轮刀刃中心至法兰组合面之厚度，mm；

    Δl——发电机轴热伸长值，mm。Δl 值一般由制造厂提供。

在钢琴线上挂线锤，校对机壳上的 x、y 轴线标记，必要时 y 轴线可按喷嘴法兰中心、x 轴线按机壳轴孔中心进行校对。在高程、水平、中心调整时，应注意两台水轮机的相互高差。测量结果应符合"规范"规定。

二、喷嘴、喷管和接力器安装

喷嘴、喷管和接力器的结构，如图 4-17 所示。

1. 喷嘴的分解与组装

如设备到达安装现场时间较长，喷嘴内部锈蚀严重，此时应对喷嘴进行分解清扫。

拆去喷管接力器、导向杆等，并拆去喷针体上的轴销，旋转喷针杆并抽出。在喷针杆抽出前，应在导向架旁垫以方木等，以免喷针杆退出导向架时，损坏轴承座处的轴瓦。为避免损坏丝扣，应对丝扣部分加以保护，如包上铜皮等。

喷针组装时，先将喷针体与喷针杆的滑动面涂以润滑油，然后套入喷针杆。在喷针杆与喷针头的丝扣部分涂上润滑脂如水银软膏，将喷针头慢慢旋入。对准喷针头的销孔，将销子装入喷针体，使喷针体与喷针头密切配合且一起旋转，直至拧到喷针杆的台阶。

2. 喷管接力器漏油试验和喷针头的密封检查

喷管接力器组装完毕后，应进行活塞环的漏油试验及检查 U 型盘根处有无渗漏现象。试验压力为额定工作压力的 1.25 倍。试验时间为 30min。每分钟油压下降不超过允许值。如超过时，应更换活塞环。

用工作油压操作，使喷针头处于关闭位置，用 0.02mm 塞尺检查喷针头与喷嘴口的间隙，应塞不进。如果有间隙，①可调整图 4-17 中的螺母 5 与保险螺母 6，使距离 l 缩短；②检查喷嘴口有无椭圆并进行处理。

3. 喷嘴组合体密封试验

将弯管用闷头进行封闭，对喷嘴组合体进行密封试验。先用油泵操作喷管接力器，使喷针头处于关闭位置，然后用水泵向喷管及弯管内充压力水。其试验压力为工作压力的 1.25～2 倍。试验时间为 30min。在试验时，应排尽空气。检查喷针头与喷嘴口、喷嘴口与喷嘴头、喷嘴头与喷管、喷管与弯管、弯管与轴承座以及喷针杆与轴承座的密封情况。

4. 喷嘴组合体的安装

（1）喷嘴组合体与机壳的连接：喷嘴组合体与机壳的连接可直接用螺栓连接，也可用螺栓、垫圈和弹簧进行连接（见图 4-17）。后一种连接方式，应对弹簧进行压缩试验，以确定安装时所选用的压缩量。试验时必须按制造厂的设计压力值进行，其弹簧压缩长度对设计值的偏差不大于 ±1mm。

（2）卧式机组喷嘴组合体安装质量要求：

1）喷嘴射线与转轮的交角，其偏差为 ±0.5°；

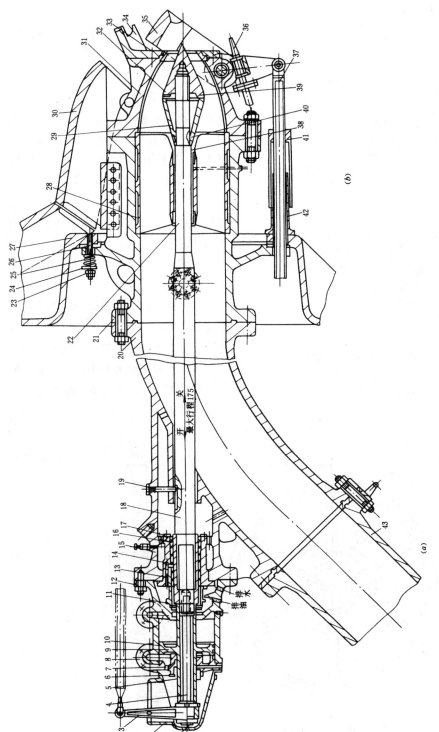

图 4-17 上喷管接力器及下喷嘴装配

(a) 上喷管接力器装配; (b) 下喷嘴装配

1—锁紧螺母; 2—保护罩; 3—回复杆; 4—活塞杆; 5—螺母; 6—保险螺母; 7—接力器盖; 8, 16—U 型盘根; 9—活塞; 10—活塞环; 11—轴承盖; 12—接力器缸盖; 13—轴瓦; 14—轴承座; 15—上弯管; 17—压盖; 18, 22—喷针杆; 19—导向杆; 20—下弯管; 21—下喷管; 23—组合螺栓; 24—垫圈; 25—弹簧; 26—垫板; 27—前下机壳; 28—导向架; 29—喷针体; 30—分水板; 31—喷针头; 32—喷嘴头; 33—喷嘴口; 34—挡水板; 35—偏流器; 36—调相时冷却喷嘴; 37—偏流器操纵杆; 38—导向瓦; 39—销子; 40—轴销; 41—外套管; 42—内套管; 43—伸缩节

117

2）喷嘴射流中心线与转轮节圆应相切，径向偏差不应大于±2mm，与水斗分水刃的轴向偏差不应超过±1mm（参看图 4-18）；

3）各喷针行程的不同步偏差，不应大于设计行程的 2%。

（3）卧式机组喷嘴组合体的安装：为了便于找出通过水斗分水刃的节圆平面，特制作一个转轮模型，如图 4-19 所示。厚度 b 为转轮法兰面至水斗分水刃的距离，一般取平均值。为便于确定喷嘴的射流中心线，再制一测杆工具，如图 4-20 所示。测杆直径 $d = 20$mm。为便于测定测杆与转轮模型的相互关系，在转轮模型上应车深 $b_1 \approx d$，转轮模型的其他尺寸及要求见图 4-19。

测杆工具的外固定套与喷嘴头的配合要求与喷嘴口相同。测杆与外固定套的同心度与垂直度均应在 0.1mm 以内。

先在转轮模型上划出转轮节圆，根据计算及作图法，求出上下喷嘴射流中心线与节圆的交点 A、B，如图 4-18。

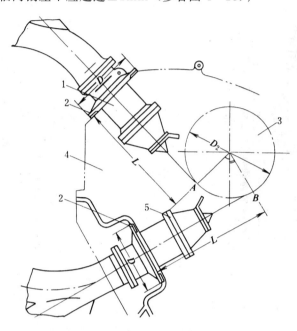

图 4-18 喷嘴组合体与转轮节圆的相对位置

1—上喷嘴；2—胶木垫；3—转轮节圆；
4—机壳；5—下喷嘴

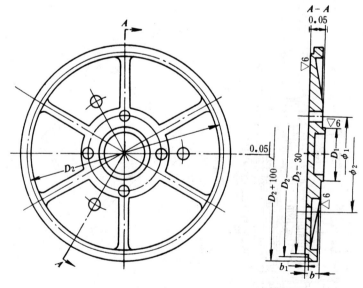

图 4-19 转轮模型（单位：mm）

D_1—和发电机法兰止口配合；D_2—水轮机转轮节圆直径；
ϕ_1—和发电机法兰螺孔配合；ϕ_2—和盘车工具螺孔配合

118

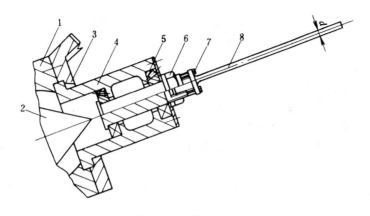

图 4-20　测杆工具

1—喷嘴头；2—喷针头；3—挡水板；4—外固定套；5—单列
圆锥滚子轴承；6—压紧螺母；7—调节螺钉；8—测杆

装上测杆工具，旋转测杆，测量测杆头部摆度，利用调节螺钉调整，使测杆摆度在
0.05mm 以内，此时可认为测杆中心线即是射流中心线。再用高度游标卡尺测量轴向距离
h，用百分表监视测量时测杆的位移 ΔS，则射流中心线到水斗分水刃的轴向距离 h_1（图
4-21）由下式求出

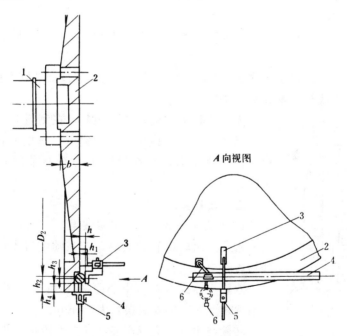

图 4-21　喷嘴找正、测量示意图

1—主轴；2—转轮模型；3—高度游标卡尺；4—测杆；
5—深度游标卡尺；6—百分表及表架

$$h_1 = h - \frac{d}{2} + \Delta S - \Delta l \qquad (4-5)$$

式中　h_1——将来实际运行时，射流中心线到水斗分水刃的轴向距离，mm；

　　h——测杆外径至转轮模型平面的轴向距离，mm；

　　d——测杆直径，mm；

　　ΔS——在测量时测杆的位移，mm；

　　Δl——发电机轴受热伸长值，mm。

Δl 值的采用应考虑以下几种情况：

1）双转轮在发电机两侧，则在限位轴承一侧的喷嘴找正，不应计入 Δl 值；而在不限位轴承一侧的喷嘴找正，应计入 Δl 值；

2）如为单转轮，若转轮侧是限位轴承，可不计入 Δl 值；若轴承不限位，则需计入 Δl 值。

用深度游标卡尺测量转轮模型外径至测杆外径的距离 h_4，然后测定转轮模型外径至 D_2 处的距离 h_2，则射流中心线与节圆的径向距离 h_3 由下式计算

$$h_3 = h_2 - h_4 - \frac{d}{2} + \Delta S \tag{4-6}$$

式中　h_3——射流中心线至节圆的径向距离，mm；

　　h_2——转轮模型外径至节圆的径向距离，mm；

　　h_4——转轮模型外径至测杆外径的距离，mm；

其他符号同前。

如 $h_2 = 27.31$，$h_4 = 20$，$\Delta S = 0.05$，$d = 19.1$，则 $h_3 = -2.29$。即表示射流中心线偏在节圆以内。

经测量，如安装误差超出质量要求，可抽出喷管与机壳连接处的胶木板，用刮削的方法来校正射流中心线与水斗节圆的误差。

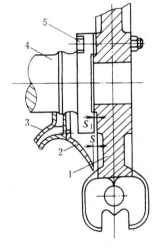

图 4-22　卧式水斗式水轮机
转轮安装
1—转轮；2—侧挡水板；
3—侧上机壳；4—主轴；
5—连接螺栓

为保证测量准确，减少误差，在测量时，喷管与机壳先直接用螺栓把合，待加垫处理完后，再换上弹簧、垫圈用螺栓紧固。测量时，宜在射流中心线与节圆切点 A、B 附近进行。

三、转轮安装

1. 卧式水斗式水轮机转轮安装

水斗式水轮机转轮安装，应在喷嘴等安装完毕、机组轴线检查结束后进行。

双轮水斗式水轮机中心距离 L 值可由式（4-4）计算，一般要求此距离的安装误差为±1mm。

转轮与主轴应进行预装，以检查转轮与侧挡水板的间隙。当转轮止口进入一定数值且四周间隙 S_1 均匀时，测量转轮与侧挡水板的距离 S。如 $S > 2 + S_1$，则可使转轮全部进入止口，且拧紧转轮与主轴的连接螺栓，如图 4-22 所示。

转轮安装完后，应检查其端面摆度，其值应小于 0.1mm/m，然后可继续装上另一侧的侧挡水板、径向挡水板等。

待调速器的液压飞摆及励磁机安装结束后，可把上部机壳盖上。此时水轮机安装工作全部结束。

2. 转轮安装中应注意的问题

水斗式水轮机的转轮为高速转动部分，对斗叶与轮盘连接部位应认真检查，发现缺陷应彻底处理，以免发生"飞斗"事故。

转轮如无静平衡试验资料，应做静平衡试验。

第五节　卧式发电机安装

卧式发电机的安装包括固定部分和转动部分。固定部分包括定子和导轴承，这一部分的安装往往是利用同一根中心线与水轮机导轴承同时进行调整的（见第二节五）。调整好后，做好装配标记，钻配好临时销钉，然后吊开，给水轮机转动部分安装让方便。

对整体定子，并且起重能力允许时，发电机定子和转子可以在安装场进行套装。然后一起吊装就位，但要注意吊装时，不允许定子和转子互相受力，并在转子和定子的空气隙中塞上薄木条或钢纸加以保护，如图4-23所示。对这种情况，发电机吊装前要将发电机导轴承按原来预装时的标记用临时销钉定位，并将轴瓦面和轴颈清扫干净，涂上汽轮机油。然后将发电机吊在轴承上。

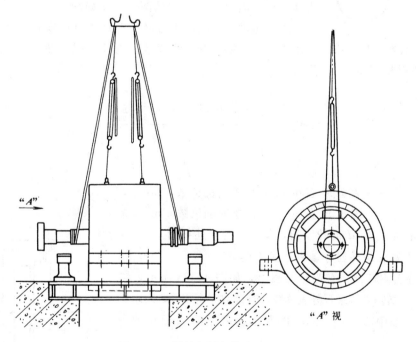

"A"视

图4-23　同钩起吊整体定子和转子

当发电机定子为整体，而起重机的起重能力不够时，则有两种情况：

1）当发电机定子外壳下面高于基础底座上平面时，通常是先吊转子，再用定子套转子；

2) 当定子内镗孔下面低于基础底座上平面时，可以将定子先吊装在安装位置上，并将其放在支高的四只千斤顶上，千斤顶的高度以使定子镗孔高程不妨碍转子穿入为原则，待转子穿入定子后，千斤顶与起重机配合将发电机定子和转子一起慢慢落在基础上和轴承上。

对分瓣定子，安装工序就简单多了。即发电机定子下半瓣和轴承座一起找好中心后，吊装发电机转子于轴承上，然后进行轴线调整，连轴、找中心。

第六节　卧式机组轴线测量与调整

卧式机组轴线的调整，目的是检查机组转动部分的同轴度和主轴轴线的平直度，这对

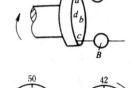
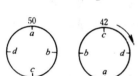
图 4-24　检查靠背轮端面与轴线的垂直度

减少机组振动，保证机组稳定运行至关重要。

卧式机组中，由于机组型式和容量不同，其轴承数量也不同。数百 kW 的卧式混流机组和卧式冲击式机组，大多是发电机和水轮机各有自己的两个轴承，这类机组的主轴是借助于靠背轮直接连接的，其测量调整过程如下：

1. 检查靠背轮端面与轴线的垂直度

方法是将两块百分表固定在固定物上，使表的测杆顶在被测靠背轮端面上下成 $180°$ 的两点上，如图 4-24 所示。装两块表目的是通过计算消除因轴转动时产生轴向误差。然后将靠背轮每转 $90°$ 记录两块表的读数，则靠背轮端面 ac 方向的倾斜值为

$$K_{ac} = \frac{\frac{1}{2}(a_A - c_A) + \frac{1}{2}(a_B - c_B)}{2}$$
$$= \frac{1}{4}[(a_A - c_A) + (a_B - c_B)] \tag{4-7}$$

式中　a_A、c_A——表示 A 表在 a、c 位置时的读数，mm；

a_B、c_B——表示 B 表在 a、c 位置时的读数，mm。

对于轮面在 b、d 向的倾斜，其测法与上述相同。

2. 检查靠背轮外圆与轴线的同心度

将百分表测杆顶在靠背轮外圆上，如图 4-25 所示，转动靠背轮，每转 $90°$ 记录百分表读数，若读数完全相等，表示靠背轮中心与轴中心同心。同心度要求误差不应大于 $0.02 \sim 0.03$mm。

用同样方法检查另一个靠背轮。以上记录的偏差，在两个靠背轮找中心时要计算在内。

3. 两靠背轮找中心

如果两个靠背轮有连接标记，则转动发电机轴，使靠背

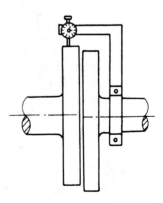
图 4-25　用百分表测靠背轮偏心

轮按记号对齐。在发电机轴上装上百分表，使百分表的测杆顶在水轮机靠背轮外圆上，同时将水轮机靠背轮外圆四等分。将两个靠背轮同时旋转，每转 90°（即一等分）记录一次百分表读数和四点的间隙，转完四个点回到原位时百分表应回零，其不回零值不应大于 ±0.02mm，否则说明百分表架在测量过程中有变形或位移，需重新测量。用塞尺测量间隙时要注意每次不能超过 3 片，并且塞尺不能有皱折。每次测量用力和塞入深度要一致。

为了消除两根轴转动时的轴向窜动影响，提高测量精度，将每点四次测量值相加后平均得各测点间隙值为

$$\delta_a = \frac{1}{4}(\delta_{1a} + \delta_{2a} + \delta_{3a} + \delta_{4a}) \qquad (4-8)$$

$$\delta_b = \frac{1}{4}(\delta_{1b} + \delta_{2b} + \delta_{3b} + \delta_{4b}) \qquad (4-9)$$

$$\delta_c = \frac{1}{4}(\delta_{1c} + \delta_{2c} + \delta_{3c} + \delta_{4c}) \qquad (4-10)$$

$$\delta_d = \frac{1}{4}(\delta_{1d} + \delta_{2d} + \delta_{3d} + \delta_{4d}) \qquad (4-11)$$

式中　δ_a、δ_b、δ_c、δ_d——分别为上、下、左、右十字方向靠背轮端面间隙值，mm；

　　　δ_{1a}、δ_{1b}、δ_{1c}、δ_{1d}——分别为在零度时上、下、左、右十字方向靠背轮端面间隙值，mm；

　　　δ_{2a}、δ_{2b}、δ_{2c}、δ_{2d}——分别为在 90°时上、下、左、右十字方向靠背轮端面间隙值，mm；

　　　δ_{3a}、δ_{3b}、δ_{3c}、δ_{3d}——分别为在 180°时上、下、左、右十字方向靠背轮端面间隙值，mm；

　　　δ_{4a}、δ_{4b}、δ_{4c}、δ_{4d}——分别为在 270°时上、下、左、右十字方向靠背轮端面间隙值，mm。

根据盘车测得的法兰径向偏差及间隙不均情况，分别计算主轴的倾斜值并调整轴承位置。

为使两法兰面平行，发电机两轴承在垂直方向应分别移动

$$f_1 = \frac{\Delta\delta}{2r}l_1 = \frac{\delta_a - \delta_c}{2} \cdot \frac{l_1}{r} \qquad (4-12)$$

$$f_2 = \frac{\Delta\delta}{2r}l_2 = \frac{\delta_a - \delta_c}{2} \cdot \frac{l_2}{r} \qquad (4-13)$$

式中　f_1——第一部轴承应调整值，mm；

　　　f_2——第二部轴承应调整值，mm；

　　　l_1——发电机法兰组合面至第一部轴承中心距离，mm；

　　　l_2——发电机法兰组合面至第二部轴承中心距离，mm；

　　　r——发电机法兰半径，mm。

参看图 4－26。

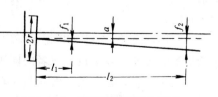

图 4－26　轴线调整计算示意图

为使两轴同轴，发电机两部轴承还要同时移动

$$a = \frac{e_0 - e_{180}}{2} \qquad\qquad (4-14)$$

式中　e_0、e_{180}——分别为0°、180°时的径向测量值，mm；

　　　　a——发电机和水轮机两靠背轮的偏心值，mm。

因此，第一部轴承垂直方向移动总量为

$$y_1 = f_1 + a = \frac{\delta_a - \delta_c}{2} \cdot \frac{l_1}{r} + \frac{e_0 - e_{180}}{2} \qquad\qquad (4-15)$$

第二部轴承垂直方向移动总量为

$$y_2 = f_2 + a = \frac{\delta_a - \delta_c}{2} \cdot \frac{l_2}{r} + \frac{e_0 - e_{180}}{2} \qquad\qquad (4-16)$$

计算为正值时，轴承应垫高；负值时应降低。

同理，水平方向两轴承的调整值为

$$x_1 = \frac{\delta_b - \delta_d}{2} \cdot \frac{l_1}{r} + \frac{e_{90} - e_{270}}{2} \qquad\qquad (4-17)$$

$$x_2 = \frac{\delta_b - \delta_d}{2} \cdot \frac{l_2}{r} + \frac{e_{90} - e_{270}}{2} \qquad\qquad (4-18)$$

式中　x_1、x_2——分别为第一部轴承和第二部轴承水平方向调整总量，mm；

　　　　e_{90}、e_{270}——分别为90°、270°时的径向测量值，mm；

　　　　其他符号同前。

计算为正值时，轴承向 b 方向移动；负值时向 d 方向移动。

重复上述测量调整，合格后，拧紧轴承座螺栓，连接主轴，准备整体盘车。

当机组转动部分为三部轴承支承时，两根轴靠背轮中间有一个飞轮，三者是刚性连接在一起，就如一根三支点的轴。对这种情况，轴线的调整要遵循下列三原则：

1）两靠背轮和飞轮三者结合面要平行且同轴；

2）三部轴承所受的荷重要合理负担；

3）靠近靠背轮两侧的轴颈必须水平，并且轴心在同一直线上。

卧式三轴承机组中，大多是发电机有两个轴承，水轮机有一个轴承，对这种情况，遵循上述原则其工艺过程如下：

（1）首先将水轮机轴、飞轮、发电机定子、发电机转子、后部轴承座顺序吊装就位。按制造厂的装配记号，把转动部分组合成一体。

（2）将转动部分略微吊起，抽掉水轮机导轴承下瓦片，使转动部分支承在发电机的两个轴承上。在固定物上装四块百分表，测杆分别顶在水轮机轴靠前端盖的轴颈处、靠背轮和飞轮的外缘上。

（3）转动飞轮，每转90°记录一次各百分表的指示值，旋转360°。根据表的指示计算水轮机轴、飞轮和发电机轴三者的同轴度和折弯倾斜值。

如果不同轴，若是因靠背轮与飞轮止口径向配合间隙过松而连轴螺栓过细所致，这时可做一个简易四爪卡盘如图4-27所示，装在飞轮上，略松连轴螺栓，类似车床上工件调

中心的方法，进行同轴度的调整。

水轮机轴倾斜，可能是连轴螺栓紧力不均，处理方法是可调整连轴螺栓紧力；也可能是靠背轮组合面与轴线不垂直所致，这就必须拆下水轮机轴，研刮靠背轮组合面，其刮削厚度的计算方法与第三章第六节方法类似。

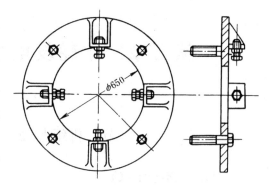

图 4-27　简易卡盘

（4）机组轴线调直后，再次以水轮机止漏环（轴流式机组则以转轮室）为基准，调整机组轴线的中心位置。其方法是：在水轮机轴后端装上百分表，使测杆顶在转轮室内圆加工面上，旋转主轴，根据百分表读数，分析轴线的倾斜和偏心。同时测定发电机空气间隙，移动轴承，使主轴处于中心位置。

装上转轮，再次盘车检查转动部分与固定部分的同心度。

对于两部轴承支承的机组，水轮机和发电机是一根轴，水轮机和发电机均悬臂安装在轴的两端。对这种结构，安装时，要注意保持两部轴承间轴的水平的同时，要考虑转子的悬垂量，轴承中心要比转轮室和定子中心高出悬垂量，使转动部分与固定部分同心，并通过盘车予以检查。

复习思考题

1. 怎样进行卧式混流式水轮机蜗壳垂直度的测量和调整？
2. 怎样进行基础底板的安装？
3. 怎样进行轴承间隙的测量与调整？
4. 怎样进行锥形导水机构的安装和导叶端面间隙调整？
5. 怎样进行悬臂转轮下垂量的测定？
6. 卧式水斗式水轮机机壳的安装。
7. 卧式水斗式水轮机喷嘴组合体的安装。
8. 如何进行射流中心线与水斗刀刃轴向和径向误差的测量和调整？
9. 对整体定子的卧式发电机如何进行安装？
10. 怎样进行靠背轮端面与轴线垂直度的检查？
11. 怎样进行靠背轮外圆与轴线同心度的检查？
12. 怎样进行两轴同心度的测量和调整？
13. 卧式三轴承机组安装的工艺过程。
14. 对于卧式两轴承机组，轴承座和轴安装时应注意什么问题？

第五章　水轮发电机组的起动试运行

第一节　机组起动试运行的目的和内容

一、起动试运行的目的

当水电站的水工建筑物、土建工程及主要机电安装工程基本完成之后，在投入生产之前，必须对水电站进行一次综合性的起动试验。

起动试运行的目的：

（1）参照设计、施工、安装等有关规定、规范及其他技术文件的规定，结合本电站的具体情况，对整个水电站建筑和安装工作进行一次全面系统地、整体地质量检查和鉴定，以检查土建工程的施工质量和机电设备的制造、安装质量是否符合设计要求和有关规程、规范的规定。

（2）通过试运行前后的检查，能及时发现遗漏的或尚未完工的工作以及工程和设备存在的缺陷，如能及时处理，就可避免发生事故，保证建筑物和机组设备能安全可靠地投入运行。

（3）通过起动试运行，了解水工建筑物和机电设备的安装情况，掌握机电设备的运行性能，测定一些运行中必要的技术数据并录制一些设备特性曲线，作为正式运行的基本依据之一，为电厂编制运行规程准备必要的技术资料。

（4）在某些水电工程中，还进行水轮发电机组的效率特性试验，以验证制造厂的效率保证值，给电厂的经济运行提供资料。

通过试运行的考验，证明水电站工程质量符合设计和有关规程、规范的要求之后，就可以办理交接验收手续，水电站从施工安装单位正式移交给生产单位，投入正式生产。

二、起动试运行的内容和程序

起动试运行的工作范围很广，它包括检查、试验和临时运行等几个方面。每一方面与其他方面都互有密切的联系，但其中以试验为主。这是因为机组首次起动，其运行性能尚不了解，必须通过一系列的试验后才能掌握机组的运行特性。所以起动试运行各个阶段的检查和运行工作，是在保证安全的前提下为完成各项试验工作而安排的。

大中型水电站机组起动试运行的程序如下：

（1）引水设备充水前的检查和调整试验：包括引水系统检查封堵，水轮机、发电机检查，油、气、水系统检查和调速设备的调试工作等。

（2）引水设备充水试验：包括尾水管、引水管道及蜗壳充水，工作闸门、蝴蝶阀等的启闭试验，技术供水系统、导轴承及润滑水系统的检查处理和调整试验等。

（3）机组空载试验：包括机组首次起动试验，动平衡试验，调速器的空载扰动试验，机组过速试验及一系列的电气试验——发电机三相短路干燥过程中的试验，发电机直流耐压试验，发电机空载特性试验等。

（4）机组带负荷试验：包括同期并列试验，甩负荷试验，低油压关闭导叶试验，事故停机时关闭闸门或蝴蝶阀试验，发电机调相方式运行试验以及72h带负荷运行试验等。

从以上的程序可以看出，程序的编排是为了保证安全，而试验的内容也主要是为了保证机组今后运行的安全可靠性。至于水轮机和发电机的原型效率试验，可以不跟起动试运行工作同时进行。

第二节　机组起动试运行的程序

为了保证机组起动试运行能安全可靠地顺利进行，并得到完整而可靠的试验资料，起动调整试验必须按技术要求逐步深入地顺序进行。

一、引水设备充水前的检查和调整试验

（1）引水系统的检查：对压力引水管、蜗壳、尾水管及各闸门槽等进行全面认真的清理检查；各道闸门（包括主阀）的启闭试验均已结束；与引水系统相连的所有孔道应封堵严密。

（2）对水轮机止漏环、发电机空气间隙及发电机风道内要认真检查，不得有异物；各连接件不得有松动；风闸要起落灵活；各油槽的油位应正常；油、气、水系统应畅通，无渗漏；阀门应挂牌标示；供油设备、水泵、空压机工作应正常，调速系统的缓冲器试验、整机静特性试验和有关参数与控制机构位置、指示的整定等，均已调试完毕且正常工作。

（3）电气方面的有关工作应达到充水前的要求。

以上检查和调整工作结束后，各有关方面确认已达到充水条件，并在检查总结报告上签字，经起动领导组织批准，即可进行引水系统的充水试验。

二、引水设备的充水试验

1.尾水管充水试验

引水设备的充水过程首先是向尾水管充水，检查尾水位高程以下各部件如顶盖、导叶轴套、进人孔、主轴密封等部位是否漏水，无异常现象后，提起尾水闸门，以备必要时进行钢管排水或起动机组排水。

2.引水管道充水试验

引水管道的充水是分段进行的。首先打开进水口检修闸门的旁通阀，待两侧平压后提起检修闸门；再开启工作闸门的旁通阀，向钢管充水，若无旁通阀时，则可将工作闸门提起较小的开度（闸门全开度的3％～5％或设计规定值）进行充水。首次充水一定要缓慢，充水速度按要求加以控制。当水流入钢管后，在厂房内从钢管上的压力表读数检查管道中的充水情况，伸缩节、蝴蝶阀及其他焊缝有无漏水情况，通气孔排气是否畅通。压力钢管上跟本机无关的岔管的阀门或封堵处应派人监视，以防事故的发生。

输水管道充满水后停留数小时，检查输水管道、伸缩节及混凝土的渗漏和进人孔的密封情况，以及堵头和蝴蝶阀的变形等。当各部无异常时，可关闭旁通阀，以手动和自动方式在静水中进行工作闸门的升降试验2～3次，检查启闭机及闸门的工作情况。若设有紧急事故关闭闸门的回路，则应在闸门间操作柜旁和中央控制室分别进行静水中紧急关闭闸门的试验，并测定关闭时间。

3. 蜗壳充水试验

若蜗壳前没有蝴蝶阀或其他阀门时，则钢管充水时，水将一直流进蜗壳，压力水停留在导叶外圈，这时应检查水轮机顶盖等的漏水情况。

若蜗壳前装有蝴蝶阀或球阀，阀前输水管道充水试验完成后，就进行蜗壳的充水试验。先打开蝴蝶阀或球阀的旁通阀，向蜗壳充水，此时应检查蜗壳排气阀的动作情况，以及水轮机顶盖、导叶套筒、测压管路、进人孔及各连接处的漏水情况，同时记录蜗壳充水时间。当蜗壳充满水后，按顺序以手动和自动方式操作蝴蝶阀和球阀，检查阀体开启和关闭的动作情况，调整并记录在静水中开启与关闭的动作时间。

4. 供水系统充水试验

钢管和蜗壳充满水后，打开蜗壳取水阀向技术供水系统供水，调整水压，调整各示流继电器、减压阀、安全阀等，检查各压力表计指示是否正确，各水管是否有漏水和堵塞情况。对水润滑的导轴承，供水至润滑水管路系统，应无漏水和堵塞，并检查止水盘根漏水情况。检查当主润滑水源切断后，示流继电器的动作及备用水源投入的自动回路动作情况。

为了处理缺陷而需将引水管道中的水排出时，应先将进口工作闸门关闭，然后打开钢管和蜗壳的排水阀，引水系统内的水就经过尾水管排至下游，此时要记录全部排水时间，随后可进行机组首次空载试验。

三、机组空载试验

用油泵将油压入制动器内，将机组转子稍稍顶起，使推力轴承的镜板与推力瓦间产生一缝隙，让油进入其内，然后排除制动器内的油，转子自动落下，制动闸回到原来位置。若推力轴承有液压减载装置，则在开机前，需将液压减载装置投入，强迫在镜板与轴瓦之间形成油膜。

1. 机组首次起动试验

上述准备工作和检查工作完毕后，即可进行首次开机操作。

首次起动用手动方式进行，调速器也相应地放在手动位置。起动后要特别注意轴承温度、机组内部噪音、异常音响、机组运行稳定性等。

机组起动后，在50%额定转速下运行2~3min，无异常情况后逐步增加至额定转速，记录机组起动开度、空载开度、上下游水位和蜗壳压力。

在额定转速下，测定机组各部位摆度和振动值，其振动允许值如表5-1所列。若振动超过允许值，须做动平衡试验。

表5-1　　　　　　　　　　水轮发电机组各部位振动允许值　　　　　　　　　　（mm）

序号	项　目		额定转速（r/min）			
			<100	100~250	250~375	>375~750
			振动允许值（双振幅）			
1	立式机组	带推力轴承支架的垂直振动	0.10	0.08	0.07	0.06
2		带导轴承支架的水平振动	0.14	0.12	0.10	0.07
3		定子铁芯部分机座水平振动	0.04	0.03	0.02	0.02
4	卧式机组各部轴承垂直振动		0.14	0.12	0.10	0.07

注　振动值系指机组在各种正常运行工况下的测量值。

机组在逐步升速的过程中，应按机组实际转速校验调速器上的转速表。

在机组逐步升速过程中，还要录制水磁发电机的空载特性。在额定转速下测量各相电压并选择接线方式，用示波器观察电压波形。在自动灭磁开关断开的情况下，测量励磁机的残压和极性或发电机的残压及相序，检查转子一点接地保护装置的动作情况。

机组运行时，要监视和定期记录推力轴承和各导轴承温度，运行4～6h，温度应稳定，不允许有急剧升高现象，最高温度不应超过65℃或设计规定值，轴承油位应正常。

当上述各项均符合要求后，即可停机。

机组第一次停机采用手动操作方式。停机过程中，检查自动加闸用的转速继电器动作整定值的正确性。当机组转速下降到额定转速的30%～40%时，手动加闸。记录从停机开始到加闸、从加闸开始到机组完全停止转动的时间。

停机后，调整开度限制机构、功率给定机构、速度调整机构（频率给定机构）以及接力器行程开关的空载接点，按水磁机的实际电压值整定电气转速表。检查机组各部应无异常情况。

水轮发电机组的空载试运行中，在第一次起动试验结束后，还需进行水轮机起动特性试验，以确定在试验水头下最适当的起动开度和转桨式水轮机的轮叶角度，记录机组从发出开机脉冲到机组起动以及到额定转速的时间，记录导叶的起动开度和空载开度。并在停机时，根据得出的最佳起动开度和轮叶角度对调速系统有关参数进行整定。在不同水头下最佳起动开度和轮叶角度是不同的，电厂在以后的运行中，要在不同水头下进行试验，以得出一组不同水头下的最佳起动开度和轮叶角度数据，作为运行的依据。

在空载试运行中，需对调速器进行有关的调整试验：如根据永磁发电机的端电压，选择电液调速器电源变压器的抽头位置；调整电气转速表；进行调速器手动操作和自动操作互相切换试验，切换时接力器应无明显摆动；进行调速器的空载扰动试验，以选择缓冲时间常数、暂态转差系数和杠杆传动比等调节参数为最佳稳定值。

2. 机组自动开停机试验

机组自动开机前，机组自动控制、保护、励磁回路应调整试验合格，模拟试验动作应正确。

机组具备自动开机条件后，在控制盘上发出开机脉冲，使机组自动开机，并记录下列各项：

（1）从发出开机脉冲到机组开始转动以及到达额定转速的时间。

（2）导叶起动开度和空载开度。

（3）上下游水位和蜗壳压力。

（4）机组大轴的摆度和各部振动以及各部温度。

（5）转速继电器（自同期或延时励磁自同期用的）动作的正确性。

在机组自动开机完成以后，还要做过速试验。其目的是校验转速继电器的整定值并检查机组在过速情况下各部分的摆度、振动、温度以及转动部分有无松动。过速试验应手动操作（切除调速器的辅助配压阀），升速应平稳，当转速达到设计规定的转速上升率再加5%时，立即调好继电器，尽快地使机组转速降低到额定转速。过速试验后应停机检查机组各部分有无松动或损坏。

这时的机组停机，应以自动方式进行，并记录如下各项：从发出停机脉冲到自动加闸的时间；从加闸制动到机组停止转动的时间；机组停止转动到撤消制动的时间。在停机过程中检查各自动化元件的动作是否正确。停机后，整定自动回路的开停机未完成的时间继电器。

机组在空载运行中，还要进行发电机短路干燥和各项电气试验。合格后，可进行机组带负荷试验。

四、机组带负荷试验

这项试验一般需要并入系统运行。为不影响系统安全，一定要预先跟系统联系好，并作好准备。若暂时还没有并网条件，机组带负荷试验只能用水电阻作为负载来进行。为避免负载不应有的波动，应将水电阻放在水位变化不大的地方。

机组并列带负荷的条件是：变压器高压侧短路升流试验正常；发电机对变压器递升加压及系统对变压器冲击合闸试验应正常；发电机侧及系统对变压器冲击合闸试验要正常；发电机侧及系统侧同期回路应正确。

机组并列及负荷下的试验项目主要有：同期并列试验；水轮机工作特性试验；甩负荷试验；低油压事故停机试验；事故关闭工作闸门或蝴蝶阀试验；机组调相运行试验及 72h 试运转等。

这里只介绍有关机械部分的试验情况，其他方面的试验可参考有关资料。

1. 水轮机工作特性试验及甩负荷试验

机组带负荷试验是在不同负荷和不同功率因数下进行的，它除了检查机组自动调节励磁装置的调节质量外，还可了解机组带负荷下的振动区域，并可录制出在不变水头时机组出力与导叶开度的关系曲线 $N = f(a_0)$。而甩负荷试验的主要目的是检查调节保证数据——机组最大转速升高值、导叶前最大压力升高值以及调速器的调差系数，并了解机组在甩负荷这种过渡过程中，机组内部水力特性和机械特性（顶盖压力、尾水管真空、蜗壳压力、振动、摆度、抬机等）的变化规律及对机组工作的影响，为机组安全运行提供必要的数据；同时可以鉴定调速器的稳定性和其他工作性能。由于甩负荷试验是在不同负荷下进行，故水轮机工作特性试验也可以与之结合起来进行。

甩负荷试验应在额定负荷（或在当时水头下的最大可能负荷）的 25％、50％、75％、100％下逐次进行，这是为了防止破坏性事故的发生。在低负荷试验后要分析测量数据，如转速上升、蜗壳压力升高等，估计在甩全负荷时，是否会超过其规定的范围，若某一方面可能超过范围，应调整某些参数，使转速上升和压力上升均不至于太大。甩负荷试验的过程是：机组并入系统，带上预先规定的负荷，待运行稳定后，跳开发电机开关，将负荷突然甩掉，甩掉的负荷由系统或本电站其他机组承担。甩负荷试验需测量的项目见表 5－2。

$$机组转速上升率 = \frac{甩负荷时最高转速 - 甩负荷前稳定转速}{甩负荷前稳定转速} \times 100\%$$

$$蜗壳水压上升率 = \frac{甩负荷时蜗壳实际最高水压 - 甩负荷前蜗壳实际水压}{甩负荷前蜗壳实际水压} \times 100\%$$

$$实际调差率 = \frac{甩负荷后稳定转速 - 甩负荷前稳定转速}{甩负荷前稳定转速} \times 100\%$$

表 5－2　　　　　　　　　　　　　　　　　　　**机组甩负荷试验记录表**

机组负荷(kW)	记录时间	机组转速(r/min)	导叶开度(%)	导叶关闭时间(s)	接力器活塞往返次数(次)	调速器调节时间(s)	蜗壳实际压力(MPa)	真空破坏阀开启时间(s)	吸出管真空	大轴法兰处运行摆度	上导轴承处运行摆度	水导轴承处运行摆度	承重机架振动 水平	承重机架振动 垂直	定子振动 水平	定子振动 垂直	转速升高率(%)	水压升高率(%)	永态转差系数 指示值(%)	永态转差系数 实际值(%)	转轮叶片关闭时间(s)	转轮叶片角度(°)	转轮部分上抬量(mm)
	甩前																						
	甩时																						
	甩后																						
	甩前																						
	甩时																						
	甩后																						
	甩前																						
	甩时																						
	甩后																						
	甩前																						
	甩时																						
	甩后																						

上游水位：　　　　　下游水位：　　　　　记录整理：　　　　　技术负责人：　　　　　　　年　月　日

注　1. 导叶关闭时间是导叶由带负荷开度到达全关时所历时间。

　　2. 调速器调节时间是从甩负荷开始到机组转速重新稳定下来所需时间。

　　3. 真空破坏阀开启时间是真空破坏阀从开启到再次关闭所历时间。

　　4. 甩负荷前的各参数值是机组甩前稳定工况下的参数。

　　5. 甩负荷后的各参数值是机组回到空载稳定运行时的参数。

　　6. 甩负荷时的各参数值，对机组转速、蜗壳实际压力、尾水管真空、所有摆度、振动等取测量的最大值，对导叶开度取实际的最小值。

若转速上升率或蜗壳水压上升率超过调节保证值时，则需重新整定导叶关闭时间。若不再重新整定导叶关闭时间，而转速升高值超过转速继电器整定值，应重新整定转速继电器的动作值。整定值一般按甩 100％ 负荷时机组最高转速的 105％ 计算。

以上参数的测量，可以用表计目测，也可用示波器录制。由于甩负荷是一个过渡过程，为了便于分析情况，最好利用各种参数转换器将上面的参数变成电气参数，用示波器记录这些参数与时间的函数曲线。

2. 事故低油压关机试验和事故关闭工作闸门或蝴蝶阀试验

事故低油压关机试验是在机组 100％ 负荷时，用降低压油槽内的油位和油压使低油压继电器动作而造成事故停机的办法来进行的。试验时，要记录导叶关闭时间和压油槽最低油压。做这项试验时，为了安全，防止低油压时关不了机，可先在 50％ 负荷时做一次试验。

事故关闭工作闸门或蝴蝶阀试验，一般在额定负荷的50％、100％下分次进行。在工作闸门或蝴蝶阀关闭过程中，机组负荷自动卸去。当负荷接近于零时，手动跳开发电机出口开关，并在闸门或蝴蝶阀处于关闭位置时再停机。这时记录工作闸门关闭时间，蝴蝶阀关闭时间和钢管水压变化情况。

3. 机组调相运行试验

如设计要求机组作调相运行，才进行此项试验。其目的在于：检查机组"发电"与"调相"两种运行方式相互转换动作过程的正确性与各自动化元件工作的可靠性；测量由发电转调相方式运行时机组有功功率的消耗和无功功率的输出，估计转轮在水中旋转时比在空气中旋转多消耗的功率；检查给气压水情况，测定给气压水的起始压力、给气流量和空气有效利用系数；检查转子电流为额定值时的最大无功输出，此时自动调整励磁装置的输出不应超过额定值。

4. 机组72h试运行

当机组所有的试验进行完毕后，应停机对试验期间发现的问题和缺陷加以处理，然后可从开始72h试运行。要求机组带额定负荷或当时可能的最大负荷（不大于额定负荷）连续运行72h。在此期间，应根据运行规程，连续地观察各部分的温度、噪音、摆度和振动，油、水、气系统的工作情况以及电气部分和自动装置的运行情况。若其中因事故或修理、调整而停机，则应从再次运行起重新计算时间。

经72h试运行，如果一切正常，则可按规定移交给电厂，正式投入生产。

复 习 思 考 题

1. 水轮发电机组起动试运行的目的是什么？
2. 机组起动试运行的程序和内容。
3. 怎样进行引水设备的充水试验？
4. 机组做过速试验的目的是什么？
5. 机组带负荷试验和甩负荷试验的目的是什么？

第六章 水轮发电机组的振动与平衡

第一节 机组振动的危害和原因

一、振动的危害

和其他机械设备一样，水轮发电机组在运行中的振动是一种普遍存在的、不可能完全避免和消除的现象。

只要将振动限制在允许的范围内，它对机组本身及其工作并无妨害。但是当振动超过一定限度时，对机组设备本身及对周围的建筑物甚至对整个水电站的运行都会带来很大的危害，主要有：

（1）引起机组零部件金属焊缝中疲劳破坏区的形成和扩大，从而使之发生裂纹，以至断裂报坏而报废。

（2）使机组各部位紧固连接部件松动，导致这些紧固件本身的断裂，加剧被其连接部分的振动，促使它们迅速损坏。

（3）加速机组转动部件的相互磨损，如大轴的剧烈摆动可使轴与瓦的温度升高，使轴承烧毁；发电机转子的过大振动会增加滑环与电刷的磨损，当励磁机与发电机的轴是刚性连接时，转子的剧烈振动也会增大整流子的磨损，并使整流子和集电环上发生跳火现象。

（4）尾水管中的水流脉动压力可使尾水管壁产生裂缝，严重的可使整块钢板剥落。

（5）共振所引起的后果更为严重，如机组设备和厂房的共振可使整个设备和厂房毁坏，当尾水管中的水流脉动频率与发电机及电力系统的自振频率接近时，负荷的微小变化所发生的共振，可能引起发电机本身的极大波动和电力系统的大幅度振荡，因而可使机组从系统中解列，对电站和电力系统的安全运行带来严重危害。

（6）机组过大的振动不仅危及水电站的安全运行，而且还影响水电站和电力系统的经济运行。这是因为不少机组均有一明显振动区。为保证机组的安全，应避开振动区运行，这就给机组之间和系统之间负荷的合理分配带来困难，因而不利于水电站和系统的经济运行。

二、振动的原因

引起水轮发电机组振动的原因很多，根据干扰力的不同形式，大体上可分为三类：由电磁原因引起的振动；由机械原因引起的振动和由水力原因引起的振动。

（一）机械因素引起的振动

1. 转子质量不平衡

由于转子质量不平衡，转子重心 S 对轴心 O 产生一个偏心距 e，如图 6-1 (a) 所示。当轴以角速度 ω 旋转时，由于失衡质量离心惯性力的作用，如图 6-1 (b) 所示。O_1 绕 O 作圆周运动，回转半径 y 就是振幅。这种振动的特征是：振幅是随转速变化而变化

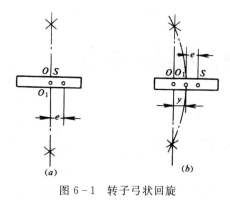

图 6-1 转子弓状回旋

的，转动角速度 ω 升高，振幅 y 增大。当转动角速度接近临界值时，振幅 y 剧烈增大产生共振。转动角速度 ω 下降时，振幅 y 也下降。所以一般大中型机组在设计时都要保证机组的临界转速大于最大飞逸转速的 $10\%\sim15\%$，以避免共振。

转动部分产生的不平衡离心力作用在轴承上，引起支承部分（上、下机架、水导轴承）的振动，振动频率就是转动频率 $f=\dfrac{n}{60}$，振幅与转速的平方成正比。

2. 机组轴线不正

机组轴线不正的主要表现形式是轴线与镜板摩擦面不垂直和轴线在法兰结合面处曲折，如图 6-2 所示。由于轴线倾斜和曲折，使机组转子的总轴向力 Pa 不通过推力轴承中心，就产生一个偏心力矩。随着转子的旋转，偏心力矩也同时旋转，使各支柱螺栓的受力是脉动力，其脉动频率与转速频率相同，从而产生推力轴承各支柱螺栓的轴向振动，转子也随之产生振摆。轴线不正，也是引起径向振动的原因之一。

3. 轴承缺陷

当轴承松动，或间隙过大润滑又不良，或轴承与固定止漏环不同心等，都会发生干摩擦，引起机组的横向振动。

（二）水力因素引起的振动

产生振动的水力因素，因水轮机课中已讲过，这里只作一般介绍。

1. 蜗壳、导叶引水不均引起的转轮进口水流冲击

理想情况下，导叶在任何位置（开度）时，它两侧的流速和压力呈均匀的分布状态，相临流道内具有同样的能量平衡，此时水流正常平顺。然而，由于加工和安装上的误差，各个叶片和各个流道的形状与尺寸总是有一定的差别，有些差别还可能较大，这就会对水流产生扰动，扰动水流进入转轮区就会与之发生冲击。引起水轮机的振动和水压脉动。

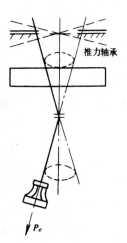

图 6-2 转子振摆

蜗壳进水不均也能产生压力脉动。这种情况主要发生在鼻端处。蜗壳鼻端处的隔板（最后一个固定导叶）起隔流作用，即把从压力钢管来的水和流到蜗壳末端的水流分开。由于水流在蜗壳里的摩擦损失，使上述两股水流具有不同的能量，即鼻端隔板两侧水流的压力和流速不同，它们在鼻端后相遇就发生扰动，此扰动水流通过导叶流道与转轮相碰撞就会产生压力脉动。

2. 卡门涡列

当水流绕流叶片，由出口边流出时，便会在出口边处产生涡列，旋涡从叶片的正面和背面交替的出现，形成对叶片尾部交变的作用力。当涡列频率与叶片自振频率相同时，便产生共振。共振时，叶片的动应力可能达到平均应力的 50% 以上，加上振动频率较高，

因而极易使叶片产生疲劳裂纹甚至完全断裂。

3. 空腔气蚀

水轮机在非设计工况下运行会产生空腔气蚀，由空腔气蚀引起机组的顶盖和推力轴承出现剧烈的垂直振动，它比横向振动的危害性更大。

4. 间隙射流

轴流式水轮机中，叶片和转轮室间隙处，由于正背面压差的存在，会形成一股射流，其速度很高。由于转轮的旋转，对转轮室某一部分来说，交替的出现瞬时压力升高和降低，形成周期性的压力脉动。这种压力脉动会引起转轮室振动，使金属疲劳。

5. 止漏环压力脉动

由于制造和安装上的原因，使水轮机止漏环处偏心，或由于轴处于弓状回旋，它们引起止漏环间隙发生周期的变化，造成间隙内水压力脉动，从而引起转动部分的自激振动。

（三）电磁因素引起的振动

引起振动的电磁因素主要来自：转子绕组短路，空气间隙不均匀等。

1. 转子绕组短路

当一个磁极的磁动势因短路而减少时，跟它相对的磁极的磁动势并没变，因而出现一个跟转子一起旋转的辐向不平衡磁拉力，引起转子振动。这种振动幅值的大小取决于失去作用的线圈匝数。此种振动的特征是：当接入励磁电流时，就发生振动，励磁电流增大，振动幅值也随之增大，去掉励磁，振动即行消失。由于这一特征，就很容易把它与其他原因产生的振动区分开来。

2. 空气间隙不均匀

当发电机转子不圆或有摆度时，造成空气隙不均匀，从而产生单边的不平衡磁拉力，随着转子的旋转而引起空气隙周期性变化，单边不平衡磁拉力沿着圆周作周期运动，引起机组振动。这种振动也是随励磁电流的增大而增大。

第二节　机组振动的测量方法

由第一节叙述的内容可知，引起水轮发电机组振动的原因是多方面的，有时几种原因交织在一起。所以，要想确切的判断某一振动现象的具体原因，就需要对各种振动的特点和规律有所了解，因此需要进行振动试验，并对试验结果进行分析，以便采取相应措施，有针对性的解决振动问题。

水轮发电机组振动试验包括如下几项振动要素的测量：振动量（位移、速度、加速度、振幅）的测量：频率与周期的测量以及波形和相位的测量等。其测量方法，按振动的转换方式可分为电测法、光测法和机械测振法。由于机械测振法和电测法在机组振动的测量中应用较多，下面只简单介绍这两种方法。

一、机械测振法

机械测振仪主要用于测量振动的位移，适用于低频振动，大多数具有笔式记录装置，以便测量振动的时间历程，通过与时间讯号的比较，可算出振动频率和周期，并确定振动的波形和相位。

用百分表测振：此法简单，使用方便，但它只能测振幅，不能描绘振动曲线，分析不了频率等其他特性。用百分表测振动的方法是：用桥式起重机吊一重物，此重物对机组振动部位来说是相对静止的，本身不受振动影响。再把百分表固定在重物上，使百分表的测杆触头紧紧顶住机组被测部位，并使测杆方向与振动方向一致。这样，根据百分表的读数，测量出振幅的大小。

在找不到适当的不受振动影响的静止固定点的情况下，为了进行振动测定，而采用百分表和重块等部件构成的惯性式机械测振仪。

惯性式机械测振仪是根据下述强迫振动原理制成的：具有一定质量的弹性悬挂着的惯性体受迫振动时，如果其自振频率是干扰频率的1/3以下时，则此弹性体不发生振动，即它对干扰力保持相对的静止。

惯性测振仪的测量机构仍然是百分表，它有手握式和固定式两种类型。如图6-3所示为一种手握式惯性测振仪，其结构：百分表1固定在有附加重块2的金属手柄3上。整个仪器本身是惯性重物。握着仪器的手可看作弹性体。仪器在手中的自振频率与仪器的质量及操作人员有关，其值一般为3Hz左右。测量时将测杆4与振动体紧密接触，如果被测频率较高，则仪器本体将不会追随高频振动。因而百分表就能较准确地指示出被测物体振幅的大小来。

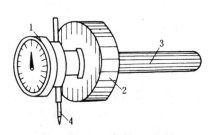

图6-3　手握式惯性测振仪
1—百分表；2—重块；
3—金属手柄；4—测杆

如图6-4所示为固定式测振仪的一种结构。百分表1嵌在惯性重块2内，利用八根垂直的圆柱弹簧4将惯性重块吊在框架3上，百分表的测杆5与框架的圆环6接触，百分表可以在垂直平面内转动，故可以测量该平面内任何方向的振动，测量方向取决于百分表测杆的方向，螺钉8用来制住惯性重块，螺帽9是用来调整弹簧拉力的。测量时把框架固定于机组设备的振动部位，显然，如果被测振动的频率远远大于仪器内悬挂系统的自振频率，则当仪器框

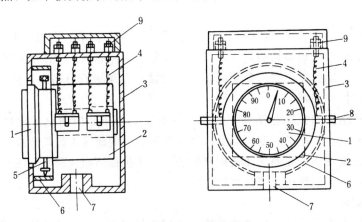

图6-4　固定式惯性测振仪
1—百分表；2—重块；3—框架；4—圆柱弹簧；5—测杆；6—圆环；7—螺孔；8—螺钉；9—螺帽

架与被测部位一道振动时，由于重块的惯性作用，百分表实际上是不动的，因而和手握式测振仪一样，百分表的指示即为被测部位振动的振幅值。

上述带有百分表的测振仪，所能测量的振动频率范围一般在 12Hz 以内，在此范围内，可以得到较好的测量精度。当被测振动频率很高时，用这类测振仪测量时均会带来很大的测量误差。

为了测量较高频率的振动和振动的时间历程，即能测得振动的振幅值，又能测得频率和波形，可使用机械式示振仪。

示振仪测振动是利用机械杠杆原理将振动量放大后，自动记录在转动的特制的纸带上。

这里介绍一种手握式示振仪。这种示振仪的核心部分是连接测轴和指针的杠杆机构，如图 6-5 所示。在中心轴上装有与被测振动部件表面接触的测轴 2，中心轴利用小球 3 和能绕中心铰点 5 转动的记录指针（钢针）4 相接，为了使测轴和被测部件表面有一定接触而装有弹簧 6，其弹力可以进行调整。测量时随着振动值的变化，通过杠杆机构，钢针在以一定速度移动的敷有涂料的纸带 7 上划出相应的振动曲线，纸带是通过带有发条的钟表式机构移动的。另外，在示振仪上装有计时器，计时器每一秒钟在纸带上做一标记，以便能计算振动的频率。计时器的动作由继电器控制，继电器的电源是 1.5V 的小电池，装在仪器盒中，也可用外接电源。

图 6-6 是这种示振仪的外形，其测轴 1 的中心轴和弹簧一起被置于导管 2 内，螺钉 3 用以调整弹簧的弹力，小柄 4 用作纸带移动的开关，也用作计时器的开关，旋钮 5 用于旋紧纸带移动的发条，开关 6 用于计时器接通本身的电源或外接电源，打开盒盖 7 可观察示振仪钢针的工作情况。测量时要将整个仪器拿在手中，这时人即为弹性体，仪器盒及其全部零件即为惯性重物，因此，整个仪器对振动部位来说是相对静止的，因而所记录的结果能较准确地反映振动的实际变化情况。

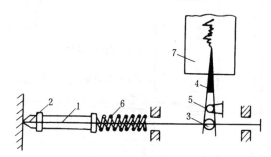 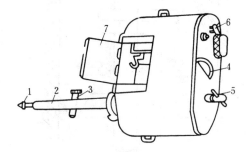

图 6-5　手握式示振仪的杠杆机构　　　　图 6-6　手握式示振仪的外形

1—中心轴；2—测轴；3—小球；4—钢针；　　　1—测轴；2—导管；3—螺钉；4—小柄；

5—中心铰；6—弹簧；7—纸带　　　　　　　　　5—旋钮；6—开关；7—盒盖

二、电气测振法

1. 电测法的测振原理

利用传感器将非电量的机械振动量（振幅、速度、加速度）转换成电量或电参数（电流、电压、电阻、电容、电感），通过仪表测量这些参数的大小和变化，即可测出振动量，电测法，是比较完善的测振方法。这种测振法的优点是：灵敏度高，频率范围广，便于记录和分析，容易实现遥测和自动控制，因此，这种方法目前得到了普遍的应用；缺点是易受电磁场的干扰，所以测振时应采取必要的屏蔽措施。

电测法测振的原理是：利用传感器将振动量变化过程转换成电量和电参数，再通过放大，进入示波器显示、记录，也可通过模数转换，输入到电脑进行记录和分析。

应变梁是一种将振动量变为电阻量的传感器，它是较常用的传感器之一。这里只介绍应变梁式传感器的使用方法。

2. 测振传感器的设置

测振传感器（俗称应变梁）在被测部件测点的设置有如下两种情况：

第一种情况是将应变梁固定于厂房内相对静止的支架或起吊重物上，而自由端则以螺钉或滚轮与被测部件相接触。图 6-7 所示为测试发电机下机架和水轮机顶盖的振动时，应变梁固定在水轮机机坑墙上所安装的三角支架上，自由端以螺钉与被测部位相接触；测大轴摆度时，应变梁固定于安装在水导轴承油箱盖上的三角架上，自由端以滚轮与大轴相接触。

在测量发电机上机架振动时，可将应变梁固定在起吊重物上。

第二种情况与上述相反，即将应变梁固定在被测部件上，将其自由端与相对静止的支架或起吊重物的某一平面相接触。在这种情况下所测的部件振动特性和第一种情况是一样的。图 6-8 为将应变梁固定于发电机上机架上，而自由端与起吊重物相接触的示意图。

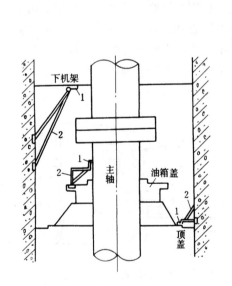

图 6-7 应变梁固定在相对静止的支架上
1—应变梁；2—支架

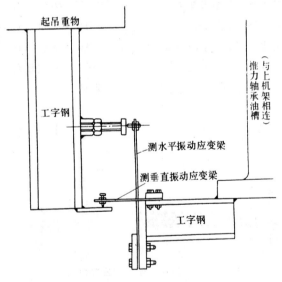

图 6-8 应变梁固定在被测部件上

为了能真实测得被测部位的振动状态，无论哪种固定情况，都要求事前将与应变梁自由端相接触的部件表面用砂纸打磨光滑，无论是螺钉或滚轮都应紧压接触点，使之有一定预压应力。

3. 测振系统的调整与率定

应变梁固定于测点之后，将应变片引出端与各测量仪器（应变仪、示波器）之间用导线连接。在施测前应使测振系统预热一定时间。如测振系统产生电压不平衡，示波器振动子光点发生偏移，应通过动态电阻应变仪进行调整，使测振系统达到平衡。应当指出，系统电路平衡的调整应与示波器振动子选择同时进行，为避免在测量时振动子被烧毁，应按反映实际振动幅值的示波器输入讯号电流的两倍来选用振动子。

对选好的振动子进行调整平衡后，即可标定测振系统的振动比例尺。标定时，将厚度为 a（$a=0.15\sim1.00\text{mm}$，其上限根据不同测点可能出现的最大振动量而定）的塞尺，插入已固定好的应变梁自由端螺钉（或滚轮）与接触点之间，此即相应于振动量 A 引起应变梁的变形，从而引起振动子光点偏移 L。这样，对不同塞尺厚度 a_i，就可得若干个相应光点偏移值 L_i 点绘成一直线，取其斜率，即得振动比例尺

$$M=\frac{\Delta A}{\Delta L} \tag{6-1}$$

考虑到在测试过程中，由于温度等因素对应变片及测量线路的影响，振动比例尺可能发生变化。因此，每作一次测量后，都应重新校正一次振动比例尺。但是，如果每次测量后都象上边所述那样用塞尺校正，是很不方便的，而且会影响整个测试工作的进度。为避免这种情况，可用校正电阻 R_T 进行校正。即在上述指定出振动比例尺 M 的平衡桥路的任一臂上并入一标准校正电阻 R_t（图6-9）。此电阻 R_t 可外接至桥路平衡箱，也可采用动态应变仪中的专设标定电阻。图6-9中的 R_p 为绕组电位器，它与电阻 R_m 及 R_b 都是为调整电桥平衡用的。由于 R_t 的投入，可

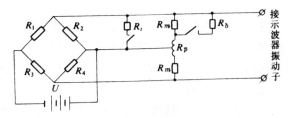

图6-9 具有平衡补偿回路的电桥原理图

使平衡好的电桥失去平衡，从而使示波器振动子光点产生偏移 l_t。

在测试过程中，每次测量完毕即可投入此校正电阻 R_t，使振动子产生一定光点偏移 l'_t。如果 $l'_t=l_t$，则说明在前段试验过程中原来的振动比例尺 M 没有发生变化，如果 $l'_t\neq l_t$，则说明温度等对应变片或测量线路产生了某些影响，因而振动比例尺也发生了变化，这样校正的比例尺为

$$M'=M\frac{l_t}{l'_t} \tag{6-2}$$

式中 M'——校正后比例尺；

M——原先标定传感器时所确定的比例尺；

l_t——标定传感器时投入校正电阻所产生的振动子光点偏移值；

l'_t——每次测试完后投入校正电阻所产生的振动子光点偏移值。

这样，根据试验中所记录示波图上任一瞬间的纵坐标 L，按校正比例尺 M' 即可求得相应的振幅 $A=M'l$。

以上是机组振动的部分测量方法。有关机组主要部件固有频率的测定等，因篇幅有限这里就不再介绍。

第三节　机组振动的分析方法

机组振动试验的目的在于寻找振源，为此必须对试验的数据进行整理加工，根据振幅、频率等振动要素，进行综合比较，分析总的趋势，抓住主要矛盾，有针对性的进行处理。下边是对部分工况下的振动试验所进行的分析。

一、转速试验

机组在空载无励磁、变转速下所进行的振动试验为转速试验。根据这种试验结果绘制出各测振部位振幅 A 与机组转速 n 的关系曲线 $A=f(n^2)$ 和振动频率 f 与转速 n 的关系曲线 $f=f(n)$。

如果试验结果表明，机组在额定转速 $50\%\sim100\%$ 的变化范围内，各导轴承处振动的振幅较大，且在大轴不同方位又有明显的差别，但振动频率 f 为 k_1 倍的转速频率，即 $f=k_1n/60$，而且当常数 k_1 为推力轴瓦个数时，则可判定机组振动的原因是大轴曲折、导轴承或推力轴承调整不当等。这些一般属于机组安装调整的质量问题，可按严格的安装质量标准通过重新调整来解决。

如果在各导轴承处的振幅较大，大致与转速的平方成正比的增大，振动波形接近正弦波，振动频率与转速频率相一致（$k_1=1$），则可判定振动原因是机组转动部分的质量不平衡所引起，应做机组动平衡试验，并根据试验结果加配重处理。

二、励磁试验

机组在空载额定转速、变励磁电流的情况下所进行的振动试验是励磁试验。根据这种试验结果可以绘制出各测振部位振幅 A 与机组励磁电流 I 的关系曲线 $A=f(I)$。

如果试验结果是各导轴承处的径向振动振幅较大，且随励磁电流的增加而增大，振动频率 f 为 k_2（某一整数）倍的转速频率，即 $f=k_2n/60$，则机组的振动是由于转子绕组匝间短路而产生的磁拉力不平衡所引起的。

如果导轴承处的振动幅值虽然较大，且在不同方位又有显著差别，但却与励磁电流的变化无明显关系，振动频率也等于 k_2 倍的转速频率，则机组振动是由于转子不圆等原因造成的发电机定子和转子之间的空气间隙不匀所产生的磁拉力不均衡所致。

如果机组在冷态下起动，在机旁可听到发电机"磁、磁"声的振动，定子各瓣合缝处的切向振动和定子径向振动的频率 f 与发电机的主极频率 f' 相一致，即 $f=f'$，并且振幅随着励磁电流的增加而增大，但当机组带上负荷时，随着发电机定子铁芯温度的上升，这种振动的振幅逐渐减小直至消失，那么由这种现象可判定，这种振动是由于定子铁芯合缝松动和硅钢片叠压不紧所引起的定子铁芯振动。

三、负荷试验

机组在额定转速、变负荷情况下所进行的振动试验为负荷试验。根据试验结果绘制出的各测振部位振幅 A 与机组有功负荷 P_g 的关系曲线 $A=f(P_g)$ 或振幅与导水机构接力器行程 S 的关系曲线 $A=f(S)$。

如果试验结果是机组振动的振幅随负荷和导水机构开度的增加而增大，而且水轮机导轴承处的振幅变化比发电机导轴承处的振幅变化更敏感、更剧烈，振动频率 f 为转速频率的 k_3 倍，即 $f=k_3n/60$（k_3 是与水轮机转轮叶片数或导水机构导叶数等因素有关的系数）。但在机组压水调相运行时，振动又消失，由这些现象可判定这种振动是由于水轮机进水不均匀、不对称所产生的水力不平衡所引起的。在这种情况下，应检查水轮机过流通道是否局部堵塞，水轮机工作轮叶片出水边开口是否一致，工作轮上冠、下环是否偏心而使止漏环间隙不对称等问题，并采取必要措施予以解决。

如果机组在某一负荷区运行时各测振部位的振动（特别是上下机架、推力轴承及水轮机顶盖的垂直振动）较大，振动频率 f 一般低于机组转速频率，即 $f=n/60b$（$b=4\sim6$ 或 $2\sim5$）。同时在尾水管、蜗壳、水轮机顶盖处出现剧烈的水压力脉动，伴有很大的噪音，而若避开这一负荷区运行时，振动又明显减弱，则由此可判定这种振动是由于在尾水管产生空腔气蚀、中心涡带不稳定所致。针对这种情况应采取补气措施，破坏尾水管中真空，减轻水压力脉动和气蚀现象从而减轻或消除这种振动。

四、调相试验

如果水轮发电机组在发电工况下有剧烈的振动，而将尾水管中的水压离水轮机转轮转至调相工况运行后振动消失，则说明振动是由于水力不平衡所引起的。如果机组转调相运行后振动仍未减弱，则可肯定振动是由于机组的机械不平衡或电磁不平衡所引起的。为进一步查明振源，可拆开主轴的连接法兰，使发电机单独作调相运行。这时若发电机振动消除，则振动是由水力不平衡所引起的；若振动仍未消失，则振动的干扰力是来自发电机的机械因素或电磁因素。可进一步作上述的励磁试验，若振动与励磁电流无关，则振动的原因就是发电机的机械原因。

对上述各项振动试验结果的分析，基本上是以单一的简谐振动为基础的。而实际工作中碰到的往往是多简谐振动，它们的组合方式又很复杂，有时同相位叠加，有时对称抵消一部分，有时成某一夹角使轴位发生多变等等。这样就可能在同一工况的不同时间测出不完全一样的振动波形，这就给振动分析带来了困难。针对这种情况，在振动试验中必须合理组织和安排各种工况的试验，对各试验结果进行综合分析。分析时要分清主次，排除次要因素的影响，以找出引起振动的主要原因。有的试验可能要反复进行若干次。而且在整理资料过程中必须采用频率分析仪、频谱分析仪，以找出组成复杂振动的各简谐振动的频率，从而可以找出振源。

为了更准确地判定振动原因，还应当结合机组在运行和检修中所积累的资料来综合分析。在运行和检修中可能会发现种种引起机组振动的缺陷，但有的缺陷还不能肯定是否确实存在，缺陷对振动影响的程度也不很清楚，因而也难以分清主次。通过与振动试验结果的综合分析，就可将两者一致的方面保留下来，不一致的方面作为次要因素处理，偶然情况可不予考虑。

总之，通过综合分析，就可较准确地判断引起机组振动的种种原因。针对这些原因可采取相应的有效措施，使振动局限于允许范围以内，以保证机组正常运行。

下面以一台水轮发电机组振动分析处理的实例，具体说明试验、分析、处理等步骤。

实例：

有一台立式水轮发电机组，设计水头 270m，额定功率 40MW，同步转速 500r/min。新机并网后，发现摆度、振动随负荷加大而增大。由于长时间在较大摆度下运行，促使上、下导轴瓦支柱螺栓松动，轴瓦间隙增大，反过来又使机组摆度及振动的再扩大。如此循环致使摆度及振动逐渐增加到不能允许的程度。重新调整导轴瓦间隙后，摆度及振动有显著的减小，但随着带负荷运行时间的延长，摆度及振动又逐渐扩展。为寻找振动原因，做了以下三个试验。

1）转速试验：测得各种转速下的摆度及振动，见表 6-1。

表 6-1　　　　　　　　　　转速、摆度与振动测量记录　　　　　　　（单位：$\frac{1}{100}$mm）

测量部位	转速（r/min）				
	300	350	400	450	500
上导摆度	8	12	16	20	23
法兰摆度	3	6	9	12	14
水导摆度	5	5	5	5	6
上机架振动	0	1	2	6	8
定子振动	0.5	1	2	3	4
水导振动	0	1	1	1	2

2）励磁试验：测得各种励磁电流的摆度及振动，如表 6-2。

表 6-2　　　　　　　　励磁电流、摆度与振动测量记录　　　　　　（单位：$\frac{1}{100}$mm）

测量部位	励磁电流（A）									
	0	10	160	300	500	550	670	800	930	1050
上导摆度	22	24	25	27	28	30	29	29	28	27
法兰摆度	12	12	15	18	20	12	13	14	15	18
水导摆度	5	5	5	5	5	5	5	5	5	5
上机架振动	10	11	11	12	12	12	12	12	12	11
定子振动	4	4	5	5	5	5	5	5	6	6
水导振动	2	2	2	2	2	2	2	2	2	2

3）负荷试验：测得各种负荷的摆度与振动，如表 6-3。

表 6-3　　　　　　　　　负荷、摆度与振动测量记录　　　　　　（单位：$\frac{1}{100}$mm）

测量部位	有功功率（MW）							
	5	10	15	20	25	30	35	40
导叶开度（%）	20	32	38	44	54	60	68	75
励磁电流（A）	500	560	620	690	780	880	940	1030

测量部位	有功功率（MW）							
	5	10	15	20	25	30	35	40
上导摆度	28	28	29	30	30	33	33	33
法兰摆度	20	28	33	38	42	48	49	50
水导摆度	5	7	9	10	12	15	17	18
上机架振动	12	12	12	12	13	14	14	14.5
定子振动	5	5	6	7	8	9	10	10
水导振动	2	3	5	6	8	8	9	10
水轮机各部水压	顶盖：$(1.40\sim1.75)\times10^5\,Pa$；下止漏环腔：$(6.5\sim13.0)\times10^5\,Pa$；尾水管：$(3.0\sim5.5)\times10^4\,Pa$							

根据上述试验数据，将各工况下的上机架振动和水导振动绘制成特性曲线，如图 6 - 10 所示。

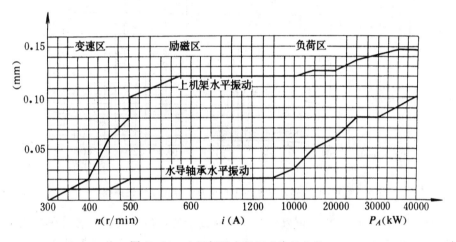

图 6 - 10 上机架及水导振动特性曲线

从图 6 - 10 中明显地可以看出，振动是由发电机转子质量不平衡及水轮机的水力不平衡叠加而造成的，必须逐一的加以解决。

经三次试加重，做动平衡试验，在发电机转子上加了配重，测得各处摆度及振动见表 6 - 4。

表 6 - 4　　　　　　　　　　动平衡试验后摆度及振动测量记录　　　　　　（单位：$\frac{1}{100}$mm）

测量项目		水轮发电机运行工况				
		空载无励磁	空载额定电压	负荷 13.5（MW）	负荷 26.5（MW）	负荷 36.5（MW）
摆度	上导	42	30	25	30	32
	法兰	18	18	18	20	22
	水导	9	8	7	7	9

测量项目		水轮发电机运行工况				
		空载无励磁	空载额定电压	负荷 13.5（MW）	负荷 26.5（MW）	负荷 36.5（MW）
水平振动	上机架	3	5	9	10	12
	水导	0.2	0.6	1	2	3.5
水压脉动 （10^5Pa）	顶盖	1.9	1.8～1.9	1.8～1.9	1.7～1.9	2
	上止漏环	6.3	6.3～6.5	7.5～8.0	7.5～8.5	9～9.8
	下止漏环	4.5～8.5	2.5～8.5	2.5～11	2.5～13	0～25

根据表 6－4 中的测量记录，绘制上机架及水导振动的特性曲线，如图 6－11 所示。

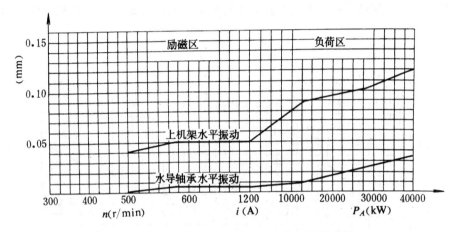

图 6－11　经动平衡后上机架及水导振动特性曲线

比较图 6－10 与图 6－11，可以看出动平衡试验处理后，效果显著。在空载额定转速下，上机架水平振动已由 0.08～0.1mm 降到 0.04mm；水导的水平振动由 0.02mm 降到 0.002mm。但带负荷时振动仍然较大，从下止漏环水压脉动变化幅度之大，可以肯定水涡轮将产生与水压脉动相应的水力不平衡。根据经验，把水涡轮止漏环间隙调匀，便能降低水压脉动值，相应地也降低了水涡轮的水力不平衡。再次开机，测得各处摆度及振动，见表 6－5。

表 6－5　　　　　　　　　水力水平衡处理后各处摆度及振动测量记录　　　　　　（单位：$\frac{1}{100}$mm）

测量项目		水轮发电机组运行工况					
		空载无励磁	空载额定电压	负荷 10（MW）	负荷 20（MW）	负荷 30（MW）	负荷 40（MW）
摆度	上导	5	5	7	7	7	8
	法兰	12	12	12	14	16	18
	水导	6	7	8	8	10	10

测量项目		水轮发电机组运行工况					
		空载无励磁	空载额定电压	负荷 10（MW）	负荷 20（MW）	负荷 30（MW）	负荷 40（MW）
水平振动	上机架	5	5	5	6	6	6
	水导	1	1	1	1.5	2	2
水压脉动 （10⁵Pa）	顶盖	1.5～1.55	1.45～1.55	1.45～1.55	1.2～1.5	1.5～1.6	1.7～1.75
	上止漏环	7	7～7.2	8～9	8～11.5	10～11.5	10～11.5
	下止漏环	6.5	6.5～7	7～9	7～13.5	10～12	8～10
	导叶后	9～11.5	8～12	11～15	12～16	13～17	15～18.5
	尾水管	0.35～0.4	0.35～0.4	0.35～0.5	0.4～0.6	0.25～0.5	0.1

根据表 6-5 中的测量记录，绘制上机架及水导振动特性曲线，如图 6-12 所示。

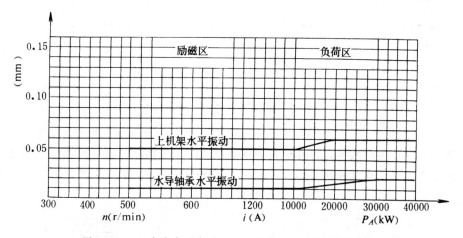

图 6-12　经水力水平衡处理后上机架及水导振动特性曲线

比较图 6-10 与图 6-12，在满负荷（40MW）运行时，上机架水平振动由 0.145mm 降低到 0.06mm；水导的水平振动从 0.1mm 降低到 0.02mm。以后长期运行一直在此数值上下稳定运行。说明上述试验、分析及处理是正确的。

第四节　水轮机转轮静平衡试验

对于整体运至安装工地的转轮在出厂前，或对分瓣运往工地组装焊接后的转轮，或经过检修补焊后的转轮，都应做静平衡试验。

一、试验目的

水轮机转轮在制造时因铸造和加工等原因，以及检修时大量气蚀补焊的因素，都会使转轮重心偏离几何中心，当转轮旋转时会产生不平衡离心力，此离心力会使机组产生机械振动。使水轮机的导轴承遭受脉动冲击力。水轮机转轮静平衡试验的目的，就是要把转轮重心的偏心值降低到允许的范围内，以免由于转轮重心偏心的存在，使机组产生离心力造成主轴在运行中产生偏磨，水导处摆度增大或引起水轮机在运行中的振动，甚至还会使机组零件破坏和地脚螺栓松动，而造成重大事故。

二、试验装置

大中型混流式和轴流式水轮机转轮，均采用立式静平衡方法。常用的静平衡装置是支承式，一般采用调整螺杆的结构方案，如图6-13、图6-14所示。它们一般由金属支座、平衡底板座、平衡底板、平衡球、平衡板、定心板、平衡托架、调整螺杆等组成。锻制的平衡底板座和平衡底板固定在金属支座的上部。锻制的球，支承于平衡底板上，由固定在被平衡零件上的托架握持。为了能使被平衡系统的重心调整到适当的位置，设置了调整螺杆和螺杆套，平衡球就装在调整螺杆下端头的平衡板上。

球和平衡底板要用锻钢毛坯加工，经淬火后再研磨，以保证足够的硬度和粗糙度，减少变形和摩擦阻力。

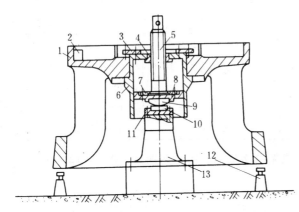

图6-13 转轮静平衡试验装置

1—转轮；2—加配重块位置；3—压环；4—螺杆套；
5—调整螺杆；6—平衡托架；7—定心板；8—平衡板；
9—平衡球；10—平衡底板；11—平衡底板座；
12—千斤顶；13—金属支座

为防止转轮产生倾覆事故，在进行静平衡试验时，必须在转轮下设置防止转轮倾覆的方木或钢支墩。为了支承和防止焊接配重时烧坏球面接触面，必须在转轮下放置4个千斤

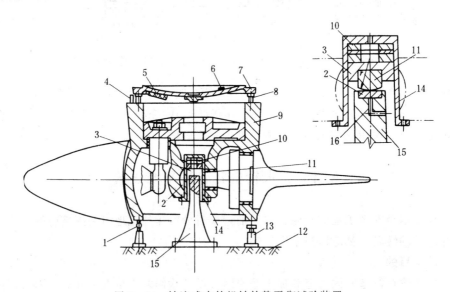

图6-14 轴流式水轮机转轮静平衡试验装置

1—测量用百分表；2—平衡底板；3—定心板；4—方型水平仪；5—配重块位置；
6—精平衡时所加配重块；7—下端盖；8—组合螺钉；9—转轮；10—垫环；11—平衡
球；12—基础平台；13—千斤顶；14—平衡托架；15—支墩；16—排气孔

146

顶，以便用来支承转轮，或在施焊时用千斤顶升起转轮，使平衡球面离开平衡底板。

三、试验原理

将转轮稳定在平衡装置上，假若在下环距中心为 R 处放试重 P，则转轮会倾斜一个角度 $\angle OO°O_1$，下环下沉一个 H 值，如图 6-15 所示。这里力距 PR 不但要克服转轮重心偏离轴中心的力距 Ga，而且要克服摩擦力距 μG。这样，力距的平衡方程式为

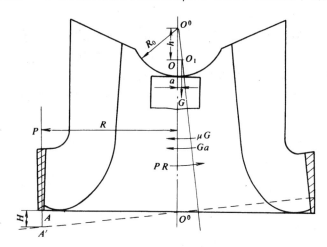

图 6-15 平衡原理图

$$PR = Ga + \mu G \tag{6-3}$$

式中 G——被平衡系统的质量，kg；

P——下环所加试重的质量，kg；

R——下环所加试重至中心线的距离，mm；

a——转轮重心与转轮几何中心线的距离，mm；

μ——滚动摩擦系数，对于钢对钢，约为 0.01～0.02mm，实践证明这个系数太大。

由于转轮是整体倾斜一个角度，则 $\angle OO°O_1 = \angle AO'A'$，故为

$$\frac{H}{R} = \mathrm{tg}\angle AO'A' = \mathrm{tg}\angle OO°O_1 = \frac{a}{h} \tag{6-4}$$

式中 H——下环的下沉量；

h——球心至转轮重心的距离。

由上比例式可得

$$a = \frac{H}{R}h$$

所以式（6-3）可写成

$$PR = G\frac{H}{R}h + \mu G \tag{6-5}$$

由式（6-5）可知，被平衡系统的重心 O 与球心 $O°$ 之间的距离 h 越小，能使系统失

去平衡的力也越小，即平衡装置的灵敏度就越高。

1) 当系统重心在球心下方，并且系统重心在转轮几何中心线上，则球心 O° 和重心 O 的连线与几何中心线重合，当平衡系统在静止状态时，线 $O^\circ O$ 是垂直的（重心在支承点的正下方），由于转轮几何轴线与线 $O^\circ O$ 线重合，则转轮几何轴线处于垂直位置，则转轮下环上平面处于水平状态（转轮在车削加工时要保证下环的上下平面与几何轴线的垂直度）；

2) 当系统重心在球心下方，重心不在转轮几何中心线上，则 $O^\circ O$ 线与转轮几何轴线有一夹角 α，当平衡系统处于静止位置时，线 $O^\circ O$ 处于垂直状态，则转轮几何轴线 $O^\circ O_1$ 倾斜—α 角度，则转轮下环上平面的不水平度为 $\text{tg}\alpha$；

3) 当系统重心与球心重合时（即 $h=0$），则被平衡系统处于随遇平衡状态，不能进行试验；

4) 当系统重心在球心上方（即 $h<0$），则处于不稳定状态，被平衡系统将会发生倾覆事故。

四、试验方法

(一) 试验前的准备

1. 主要工具和仪器

精度为 0.02mm/m 的方形水平仪两架

与方形水平仪等重的铁块两块（平衡水平仪用）

量程为 0.5m 的钢板尺 1 只或 4 只

量程为 0～10mm 的百分表 1 只

1kg 重的铁块 1 块和质量为 1kg、2kg、3kg 重的砝码各一个，千斤顶 4 只

方木或钢支墩 4 个

平衡配重用的铁板或铅块若干

2. 场地选择布置

试验场地应由设计给出。要求设在基础坚固、吊运设备方便的地方。试验前应清扫场地，以基础支墩为准，在直径相当于下环直径的圆周上，分别等距的放好 4 个钢支墩（或方木）和 4 只千斤顶，并调整 4 个钢支墩使之在同一高程上，调整千斤顶顶面高程使之高出支墩的高程一般以转轮放上后使球与平衡底板间保持有 5mm 的距离为准。

3. 试验装置的安装

(1) 金属支座、平衡底板座、平衡底板安装：由于这些零件在厂家已组合好一体到货的，所以安装时只需把支座底面与平衡底板顶面清洗干净，吊放在基础支墩上，用螺栓固定即可。并保证平衡底板水平不低于 0.02mm/m。

(2) 平衡球、平衡板、定心板、平衡托架等的安装：这些件也是整体到货的。安装前将其清扫检查后，放置在转轮组合场地的中央，然后吊起转轮放在托架四周的千斤顶上，松开钢丝绳，再用桥机通过转轮法兰孔把托架这个组合件对正中心缓慢提起后，拧紧压环螺栓及其周围的顶丝，利用调整螺杆将球心调到高于重心的位置。

(3) 检查平衡托架外圆与转轮内圆周边间隙，使之周边间隙相等，保证球心在转轮几何中心线上。

（二）h 值的调整

上述准备工作完成后，在平衡底板顶四面涂一圈黄油，中间抹一层机油。在转轮下环上面划出四等分线，以便放水平仪和配重块。吊起转轮，运至试验场地上方，对准中心，将被平衡重物放在 4 个千斤顶上，使四等分线位于 x、y 轴线上。吊放被平衡重物时，应有人监视球面与平衡底板间的距离，放好后松开吊绳和吊攀。

将 4 只千斤顶同时缓慢落下，观察被平衡重物是否处于稳定平衡，要特别注意防止转轮倾覆。如果不能出现稳定平衡，就要设法找出原因，经调整后使之平衡。

用钢板尺测量下环下平面到各钢支墩的距离，找出最高点，把平衡块加在最高点上，使下环大致成水平状态。此时，再将 1kg 重铁块加在下环上面，用百分表测出此点的下沉数值 H，将这个值代入式（6-5）求出 h 值。

实践中，往往发现按式（6-5）计算出的 h 值，在不同试重时互不相同，相差太大，其原因是 μ 值选取的不当所造成。所以做静平衡试验时，可以认为 μ 值是未知数。为了求出 h 和 μ，可以用不同的试重砝码 P_1、P_2、P_3 加在下环的同一位置，可测得下环下沉量 H_1、H_2、H_3。用 P_1、P_2 和 H_1、H_2 解联立方程，求出该试验的 h 和 μ 值

$$h = \frac{(P_1 - P_2) R^2}{(H_1 - H_2) G} \qquad (6-6)$$

$$\mu = \frac{(P_2 H_1 - P_1 H_2) R}{(H_1 - H_2) G} \qquad (6-7)$$

然后用 P_3 和 H_3 计算的结果进行校核。用这种方法几次计算的 h 值，相差仅在 2% 左右，而算出的 μ 值，都远远地小于 0.01mm。

根据式（6-6）算出 h 值后，如果超过规定值，可参照表 6-6，将转轮顶起，旋动调整螺杆，改变球心位置，使其符合规定值。然后落转轮，准备进行粗平衡试验。

表 6-6　　　　　　　　　转轮立式静平衡试验时 h 的允许值

被平衡转轮质量 (t)	h 值（mm）	
	最大	最小
5 以下	40	20
10 以下	50	30
50 以下	60	40
100 以下	80	50
200 以下	100	70

（三）粗平衡试验

如图 6-16 所示，在转轮下环 x 和 y 的等分线上放置两架水平仪，为克服水平仪本身的重量影响，在其 $-x$ 和 $-y$ 的等分线上对称的放置与水平仪等重的平衡块。根据水平仪的水平情况，在轻的一侧放平衡重物，使转轮轴线垂直。平衡重块质量的大小，可根据水平仪的读数进行计算

$$H = \sqrt{(\delta_x R)^2 + (\delta_y R)^2} = \sqrt{\delta_x^2 + \delta_y^2} R \qquad (6-8)$$

$$P = \frac{hH + \mu R}{R^2} G \qquad (6-9)$$

$$\alpha = \text{arctg} \frac{\delta_x}{\delta_y} \qquad (6-10)$$

式中　H——使水平仪指示为零时，转轮轻的一侧下环下沉量，mm；

　　　P——平衡配重的质量，kg；

δ_x、δ_y——在 x、y 轴线上水平仪的读数（1 格＝0.02mm/m）；

　　　α——平衡配重块在转轮上的安放角；

　　　G——转轮质量，kg；

　　　R——水平仪在下环上的放置半径，mm；

　h、μ——用前面介绍的计算值，mm。

　　按计算出的 P 和 α 放置平衡配重，并调整其大小和方位，直至水平仪气泡居中为止，记下最后平衡配重的大小 P_1 及方位角 α_1。

　　为消除平衡工具本身所造成的误差，当平衡工具旋转180°后，再次用上述方法求出配重的大小 P_2 和方位角 α_2。把 P_1，P_2 放大到一定比例按 α_1、α_2 角画成矢量图。连接 AB，并取 AB 的中点 C，则 $\overrightarrow{OC}$ 就是所求配重的大小 P_0 和方位角 α_0。如图 6-17 所示，$\overrightarrow{CA}$、$\overrightarrow{CB}$ 则分别是因平衡工具误差进行两个方位试验时所需的配重，其大小相等，方向相反。

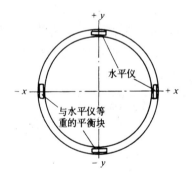

图 6-16　水平仪放置位置

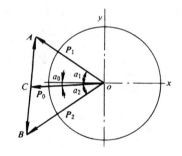

图 6-17　图解法求转轮
实际所需配重

　　将平衡工具误差所需配重暂时固定在下环上，而把转轮偏重所需配重因实际安放在上冠上面，故可根据配重在上冠安置处的半径求出上冠处应加配重的大小

$$P' = \frac{R}{R'} P_0 \qquad (6-11)$$

式中　P_0、R——在下环上的配重量及其放置半径，kg·mm；

　　　P'、R'——转换到上冠上的配重量及安置半径，kg·mm。

　　由于配重多采用焊接方法安置，故在配重物称重时，需把焊接金属量算进去。

（四）精平衡试验

转轮粗平衡的配重块安放定位后，须再次进行精平衡试验。其方法仍是用水平仪测下环的水平，在轻的一侧加平衡配重。对不同的转轮，有不同的精度要求，一般在转轮的图纸中都标明残留不平衡质量矩的允许值。建议转速较低的机组，允许的残留不平衡质量矩根据转轮质量按曲线1查取，转速较高的机组按曲线2查取（图6-18）。

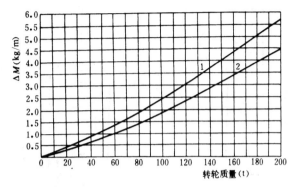

图6-18 允许残留不平衡质量矩

根据允许残留不平衡质量矩，计算在下环处配加规定质量后的允许下沉值

$$H_0 = \frac{(PR - \mu G)R}{Gh} \qquad (6-12)$$

式中　　PR——允许残留不平衡质量矩，kg·m；

　　　　R——百分表所在位置的半径，m。

用水平仪在 x、y 轴线上进行平衡检查，转轮实际下沉值 $H' < H_0$。

实际下沉值为

$$H' = \sqrt{\delta_x^2 + \delta_y^2}\, R \qquad (6-13)$$

式中　　δ_x、δ_y——在 x、y 轴线上水平仪实际读数；

　　　　R——水平仪在下环处的放置半径，mm。

精平衡的平衡配重焊在转轮上之后，需再次复查，直到 $H' < H_0$ 为止。

第五节　发电机转子动平衡试验

如果一台发电机的转子重心不在旋转中心线 $O—O$ 上，如图6-19（a）所示，静止时就有一个不平衡质量矩

$$M = Ge \qquad (6-14)$$

当转子以角速度 ω 旋转时，就会产生一个不平衡离心力

$$P = \frac{G}{g} e\omega^2 \qquad (6-15)$$

对于这种不平衡，用第四节静平衡的方法是能够发现并加以消除的，故称之为静不平衡。

假如把转子看成由上下两部组成，上部分重 $G/2$，重心在左边，偏心矩为 e；下部分重 $G/2$，重心在右边，偏心距也为 e，如图6-19（b）所示，转子在静止时并不产生不平衡力矩。当转子以角速度 ω 旋转时，却会产生一个不平衡力偶

$$T = \frac{G}{2g} e\omega^2 L = P'L \qquad (6-16)$$

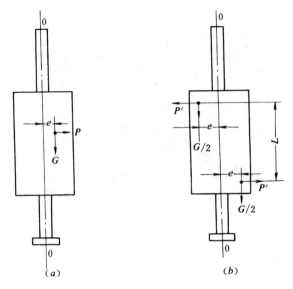

图 6-19 转子的不平衡现象
(a) 静不平衡；(b) 动不平衡

这种不平衡，如果能做静平衡试验，也是无法发现的，只有在转子做旋转运动时才会出现，故称之为动不平衡。

一个实际的转子，不可能完全平衡，它既有静不平衡，也有动不平衡。进行动平衡试验，即可消除静不平衡，也可以消除动不平衡。

水轮发电机组的振动，多数是由于发电机转子的质量不平衡所造成的。因为水轮发电机转子体积大，重量也大，由多个部分组成，加工、组装工艺很难保证平衡，并且也难以进行静平衡试验，所以为消除转子质量不平衡所引起的振动，多在现场做动平衡试验。

动平衡试验，就是人为地改变转子的不平衡性。首先测出机组振动，然后用一试重块临时固定在转子某一地方，使机组运转，测出新的振动，据此求出转子原有不平衡力的大小和方位，然后在它的对侧加配重块，使配重块产生的离心力去抵消原有的不平衡力，借以达到消除或减小振动的目的。

一、试加重块质量的选择

选择试重块的质量时，应使机组振动大小比原来有显著区别，但为避免发生剧烈的振动，也不宜加得太大，一般可根据在额定转速下，该试重所产生的离心力的允许值而定，也可以根据机组所存在的振动值的大小来确定。

(1) 试加重所产生的离心力，约为发电机转子质量的 0.5%～2.5%。即

$$m_0 R\omega^2 = (0.005 \sim 0.025)Gg$$

$$m_0 = (0.005 \sim 0.025)\frac{Gg}{R\omega^2} = (0.5 \sim 2.5)\frac{Gg}{Rn_H^2} \qquad (6-17)$$

式中　m_0——试加重块的质量，kg；

　　　G——发电机转子质量，kg；

　　　g——重力加速度，980cm/s²；

　　　R——试加重块的固定半径，cm；

　　　n_H——机组额定转速，r/min。

对低转速机组，前边系数取小值；对高转速机组，前边系数取大值。

(2) 使试加重产生的离心力约为实际最大不平衡力的一半。而最大不平衡力在试验前是难以确定的，可大致按每增加转子质量 1% 的离心力，其振动增加 0.01mm 的关系来决定试加重的大小。即

$$m_0 = 450 \frac{\mu_0 G}{R n_H^2} \tag{6-18}$$

式中　μ_0——机组未加试重时的最大振幅值，1/100mm；

　　　G——发电机转子质量，kg；

　　　R——试加重固定半径，cm；

　　　n_H——机组额定转速，r/min。

二、基本假定

在额定转速下，转子上不同的不平衡离心力反映在承重机架上就能测出相应的径向振动值。对同一机组，振幅值的大小与不平衡力的大小成正比。即

$$\mu_0 : \mu_1 : \mu_2 : \mu_3 = P_0 : P_1 : P_2 : P_3 \tag{6-19}$$

式中　　　μ_0——未加试重块时，承重机架的水平振幅值，mm；

μ_1、μ_2、μ_3——加试重于不同方位后其相应的振幅值，mm；

　　　　　P_0——未加试重块时，转子原有的不平衡力；

P_1、P_2、P_3——原有不平衡力 P_0 与由试加重所产生的离心力 R_1、R_2、R_3 的合力。

三、用三次试加重法求实际配重的质量

（一）试验的基本过程及力的矢量关系

1. 试验的基本过程

三次试加重法是我国水电站对发电机转子进行动平衡试验的常用方法。在机组无励磁空转时，测量机组振动，若机组振动过大，超过表6-7中的允许值时，应进行动平衡试验。

表6-7　　　　　　　　　**立式机组各部位允许振动值（双振幅）**　　　　　（单位：mm）

项　目	额定转速（r/min）											
	100 以下			100～250			250～375			375～750		
	振动标准及等级											
	优	良	合格	优	良	合格	优	良	合格	优	良	合格
带推力轴承支架的水平及垂直振动	0.07	0.10	0.14	0.06	0.08	0.12	0.05	0.07	0.10	0.04	0.06	0.08
带导轴承支架的水平振动	0.07	0.10	0.14	0.06	0.08	0.12	0.05	0.07	0.10	0.04	0.06	0.08
定子外壳水平振动	0.04			0.03			0.02			0.02		

三次试加重法就是顺序地在发电机转子的同一半径互成120°的三点逐次加试重块，分别起动机组至额定转速，并测记轴承所在机架各次的振幅 μ_1、μ_2、μ_3，连同未加试重时所测得的振幅值 μ_0 共有四个，根据这四个振幅值或用作图法或用计算法求出转子原来存在的不平衡质量的大小和方位。

2. 试验时力的矢量图

为了理解作图法或计算法的原理，有必要介绍一下动平衡试验时力的矢量图。

在上述试验过程中，当不带试加荷重时，由于转子质量不平衡而产生离心力 P_0，引起支承振动的振幅值 μ_0。然后依次把试加荷重 m_0 放在转子同半径互成120°的三个点上，在转子旋转时分别产生大小相同而方向互成120°的三个离心力 R_1、R_2、R_3，它们又分别

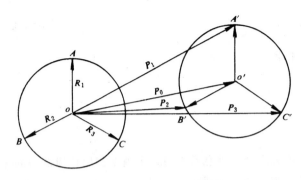

图 6-20 三次试加重时所产生的
离心力与原有不平衡力合成图

与 P_0 合成为 P_1、P_2、P_3 这三个力，而 P_1、P_2、P_3 分别引起振动的振幅值为 μ_1、μ_2、μ_3。如图 6-20 所示为力的合成图。鉴于不平衡离心力与振幅大小的比例关系，合成图 6-20 也可以代表振幅值的合成。OO'、OA'、OB'、OC' 就分别代表振幅值 μ_0、μ_1、μ_2、μ_3，而 $O'A' = O'B' = O'C'$ 实际上就代表单纯由试加荷重放在不同方位产生的离心力 R_1、R_2、R_3 所引起的振动值 μ_P。由于 μ_0、μ_1、μ_2、μ_3 是通过试验得到的，根据这四个值可设法求出 μ_P 的大小。μ_P 是由试加荷重 m_0 引起振动的绝对值，为了克服由于转子质量不平衡而引起的振动 μ_0，就需要按比例加配重为 $m = \dfrac{\mu_0}{\mu_P} m_0 = \dfrac{OO'}{O'A'} m_0$，其方位与 P_0 的方向相反。

（二）用三次试加重法求实际配重

1. 四圆作图法

四圆作图法步骤如下（图 6-21）：

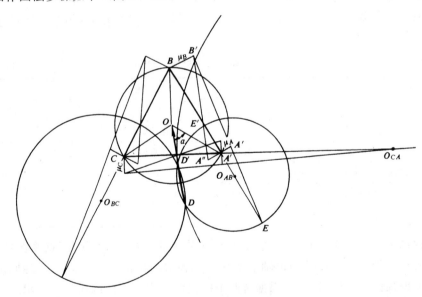

图 6-21　四圆作图法

（1）取任意点 O 为圆心，以按比例（1mm/kg）缩小的试加重为半径画试重圆 O_{ABC}，而 A、B、C 三点相隔各 120°，它是相当于转子试加重的固定点。

（2）连 AB，作 $BB' \perp AB$，使 $BB' = \mu_B$（取比例为 1mm/0.01mm）；作 $A'A'' \perp AB$，使 $AA' = AA'' = \mu_A$，连接 $B'A'$ 交 AB 上于 E' 点，连接 $B'A'$ 并延长交 BA 延长线上于 E 点，以 EE' 为直径画轨迹圆 O_{AB}，在这个圆周上的任意点与 A、B 两点的距离比，都等于

154

$\dfrac{\mu_A}{\mu_B}$。

（3）连 AC、BC，用同样方法，可得 B、C 两点的轨迹圆 O_{BC} 及 C、A 两点的轨迹圆 O_{CA}。

（4）三个轨迹圆相交于 D 及 D' 两点（实际运用时有两个轨迹圆即可得 D、D' 两点，第三个轨迹圆仅起校核作用）。这两个点是三个轨迹圆的公共点，因此它与 A、B、C 三点距离之比为

$$DA : DB : DC = P_A : P_B : P_C = \mu_A : \mu_B : \mu_C \qquad (6-20)$$

或

$$D'A : D'B : D'C = P_A : P_B : P_C = \mu_A : \mu_B : \mu_C \qquad (6-21)$$

（5）连 DO 及 $D'O$，得两个矢量，其中哪一个是所求的原有不平衡质量 m，通过换算可以求出

$$\vec{m} = DO(D'O) = \frac{\mu_0}{\mu_A}DA(D'A) = \frac{\mu_0}{\mu_B}DB(D'B) = \frac{\mu_0}{\mu_C}DC(D'C) \qquad (6-22)$$

凡符合上述等式者为真值，不符合者为假值（例如 $DO = \dfrac{\mu_0}{\mu_A}DA$，则 $\vec{m} = DO$；若

$D'O = \dfrac{\mu_0}{\mu_A}D'A$，则 $\vec{m} = D'O$）。

（6）应加配重的质量

$$m = \frac{DO(D'O)}{OA}m_0 \qquad (6-23)$$

式中　m——应加配重块质量，kg；

　　　m_0——试加重质量，kg。

（7）配重方位，其方位可用量角器从图 6-21 中直接量取 α 角。它肯定是三次试加重时，实际测得最小振幅点向中间振幅点偏移的夹角。

实例：

有一台立式悬吊型水轮发电机，额定转速为 500r/min，转子质量为 95t，起动试运行中测得上机架支腿内端水平振幅为 0.075mm，其振动频率为发电机转速频率，降低转速时，振幅也随着下降，因此可认为动平衡不良，决定用三次试加重平衡法作动平衡试验。

（1）选择试加重块质量（试重块固定半径 $R = 77.2$cm）

$$m_0 = 450\frac{\mu_0 G}{Rn_H^2} = \frac{7.5 \times 95000}{77.2 \times 500^2} \times 450 = 16.6\,(\text{kg})$$

（2）三次试加重后的上机架支腿内端水平振动

$$\mu_A = 0.08\text{mm};\ \mu_B = 0.12\text{mm};\ \mu_C = 0.05\text{mm}$$

（3）作四圆图：

1）以试加重的质量 m_0 为基础，取 1mm 等于 1kg 的比例作半径，画试重圆 O_{ABC}，如图 6-22 所示。A、B、C 三点相隔 120°；

2）连 AB，作垂线 $AA' = AA'' = 100 \times 0.08 = 8$mm；$BB' = 100 \times 0.12 = 12$mm（1mm 长代表 0.01mm 的振幅）。连 $B'A'$ 并延长与 BA 的延长线交于 E 点。连 $B'A''$ 并与 AB 线交于 E' 点。以 EE' 为直径画轨迹圆 O_{AB}；

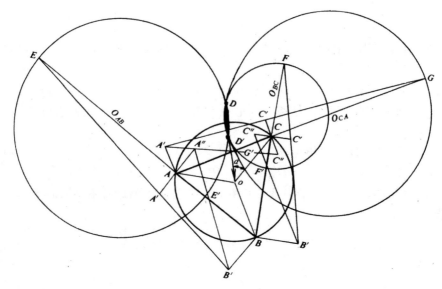

图 6-22　四圆作图法实例

3）连 BC，作垂线 $B'B=100\times0.12=12$mm；$CC'=CC''=100\times0.05=5$mm，连 $B'C'$ 并延长与 BC 的延长线交于 F 点。连 $B'C''$ 并与 BC 线交于 F' 点。以 FF' 为直径画轨迹圆 O_{BC}；

4）轨迹圆 O_{BC} 与 O_{AB} 相交于 D 及 D'。同理也可画出 C、A 两点的轨迹圆 O_{CA}，其圆也交于 D 及 D' 点，证明 D 及 D' 两点位置正确；

5）连 DO 及 $D'O$，量得

$$DO=26\text{mm}；D'O=11.5\text{mm}$$

真实不平衡质量

$$\vec{m}'=\frac{\mu_0}{\mu_A}DA=\frac{0.075}{0.08}\times27.5\approx26\text{mm}$$

由于 $P_0=26=DO$，则 DO 即为原真实不平衡质量。

6）实际应加配重的质量是

$$m=\frac{DO}{OA}m_0=\frac{26}{16.6}\times16.6=26\text{kg}$$

7）配重装设位置。用量角器量得 α 角为 41.5°；

8）由此得出在转子半径 $R=77.2$cm 处，从 C 点向 A 点偏移 41.5°处加配重 26kg，即可使转子获得平衡；

9）加配重后，再次开机测得上机架支腿内端水平振幅值为 0.02mm。

2．五圆作图法

五圆作图法步骤如图 6-23 所示。

1）以所测振动值 μ_0、μ_1、μ_2、μ_3 为依据，按同一长度比值 K 放大作半径画同心圆。μ_0 是未加试重前的振动值，μ_1、μ_2、μ_3 是三次加试重块所测振动值，按其大小顺序排列，即 $\mu_1>\mu_2>\mu_3$；

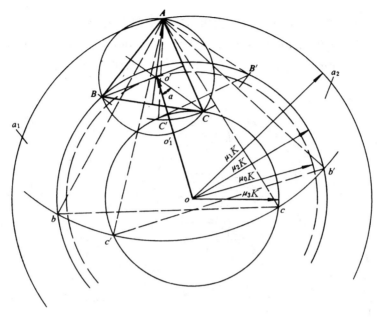

图 6 - 23　五圆作图法

2）在 $\mu_1 K$ 圆周上任取一点 A 为圆心，以 $\mu_1 K$ 为半径画弧，交 $\mu_1 K$ 圆上于两点 a_1 及 a_2；

3）以 a_1 及 a_2 为圆心，以 $\mu_3 K$ 为半径画弧，交 $\mu_2 K$ 圆上于 B、b、B'、b'；

4）以 A 为圆心，以 AB 为半径画弧，交 $\mu_3 K$ 圆上于 C 及 C'；

5）连 A、B、C 三点成一等边三角形 $\triangle ABC$。连 A、B'、C' 成另一等边三角形 $\triangle AB'C'$；

6）根据试加重三点的相互位置关系，如 A、B、C 三点为反时针排列则取 $\triangle ABC$；若 A、B、C 三点为顺时针排列；则取 $\triangle AB'C'$；

7）作所选取的等边三角形（如 $\triangle ABC$）各边的中垂线，得交点 O'，此 O' 应在 $\mu_0 K$ 圆周上（或邻近处），否则应废弃；

8）连 OO'，则 OO' 即为转子原有不平衡质量的矢量；

9）以 O' 为圆心，$O'A$ 为半径画圆 $O'ABC$，其圆周与 OO' 的交点 O_1 就是转子上应加配重的固定点。$O'C$ 与 OO' 的夹角 α，就是从引起最小振动 μ_3 的加重点向引起中间振动 μ_2 的加重点偏移的夹角；

10）需加配重的质量

$$m = \frac{OO'}{O'A} m_0$$

式中　m——应加配重块质量，kg；

　　　m_0——试加重块的质量，kg，

　　　方位角，从图中用量角器量出。

实例：

仍以四圆法实例数据为依据，用五圆作图法去求配重 m 及夹角 α。

1）取比值 $K=500$，以 $\mu_0 K=0.075\times500=37.5$mm，$\mu_B K=0.12\times500=60$mm，$\mu_A K=0.08\times500=40$mm，$\mu_C K=0.05\times500=25$mm 作半径，画同心圆，如图 6-24 所示；

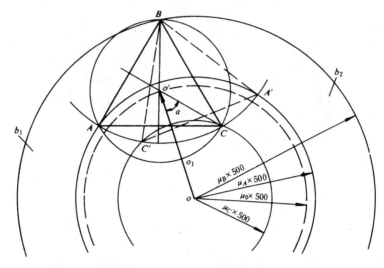

图 6-24　五圆作图法实例

2）在 $\mu_B K$ 圆周上取一点 B 为圆心，以 $\mu_B K$ 为半径画弧，交 $\mu_B K$ 圆周上于两点 b_1 及 b_2；

3）以 b_1 及 b_2 为圆心，$\mu_C K$ 为半径画弧，交 $\mu_A K$ 圆上于 A 及 A' 两点；

4）以 B 点为圆心，BA 为半径画弧，交 $\mu_C K$ 圆周上于两点 C 及 C'；

5）连 A、B、C 三点得一等边三角形 $\triangle ABC$，且 A、B、C 排列顺序为顺时针，与转子实际三点试加重的排列次序相一致，故它就是要找的三角形；

6）作 $\triangle ABC$ 各边的中垂线，交于 O' 点，且 O' 又在 $\mu_0 K$ 圆周上，则 O' 即被肯定；

7）连 OO'，它就是原有不平衡质量的矢量；

8）需加配重

$$m=\frac{OO'}{O'A}m_0=\frac{75}{48}\times16.6\approx26\text{kg}$$

9）用量角器测得 $\alpha=41°$。

3. 计算法

根据前面所述动平衡原理及相互关系，可以利用三角计算求出配重块的质量 m 及配重块固定方位角 α。

（1）假定各种振动均由动不平衡离心力所造成，则振动方向与不平衡离心力方向一致，振幅大小与不平衡力的大小成正比。

（2）原有不平衡力的大小可以用原有振动值 μ_0 来代替。

（3）通过三点试加重平衡试验，可以获得三个方向互成 120°，大小未知的 μ_{P_1}、μ_{P_2}、

μ_{P_3}，由于三次试加重 P 为相等，所以有

$$\mu_{P_1}=\mu_{P_2}=\mu_{P_3}=\mu_P \qquad (6-24)$$

式中 μ_{P_1}、μ_{P_2}、μ_{P_3}、μ_P——均为试加重所产生的振幅值，mm。

（4）原有不平衡力与三点试加重所产生的离心力合成后，必将产生三个合力，在这三个合力作用下，将产生三个振幅值 μ_1、μ_2、μ_3。其值为三次试加荷重时所测得的已知值。由此可把力的合成看成是振动值的合成，如图 6-25 所示。

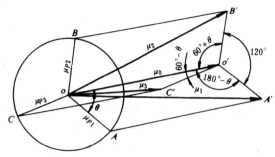

图 6-25 三次试加重所产生的振动
值与原有振动值合成关系

（5）假定 μ_0 与 μ_{P_1} 成任意角 θ，按图 6-25 即可列成下列各式

$$\angle A'O'O=180°-\theta$$

$$\angle B'O'O=360°-(180°-\theta)-120°=60°+\theta$$

$$\angle C'O'O=180°-\theta-120°=60°-\theta$$

（6）根据余弦定律

$$\mu_1^2=\mu_0^2+\mu_P^2-2\mu_0\mu_P\cos(180°-\theta)$$
$$=\mu_0^2+\mu_P^2+2\mu_0\mu_P\cos\theta$$
$$\mu_2^2=\mu_0^2+\mu_P^2-2\mu_0\mu_P\cos(60°+\theta)$$
$$=\mu_0^2+\mu_P^2-2\mu_0\mu_P(\cos60°\cos\theta+\sin60°\sin\theta)$$
$$=\mu_0^2+\mu_P^2-\mu_0\mu_P\cos\theta+\sqrt{3}\mu_0\mu_P\sin\theta$$
$$\mu_3^2=\mu_0^2+\mu_P^2-2\mu_0\mu_P\cos(60°-\theta)$$
$$=\mu_0^2+\mu_P^2-2\mu_0\mu_P\cos60°\cos\theta-2\mu_0\mu_P\sin60°\sin\theta$$
$$=\mu_0^2+\mu_P^2-\mu_0\mu_P\cos\theta-\sqrt{3}\mu_0\mu_P\sin\theta$$

将上面三个等式的等号两边相加得

$$\mu_1^2+\mu_2^2+\mu_3^2=3\mu_P^2+3\mu_0^2$$

则

$$\mu_P=\frac{1}{\sqrt{3}}\sqrt{\mu_1^2+\mu_2^2+\mu_3^2-3\mu_0^2}$$
$$=0.578\sqrt{\mu_1^2+\mu_2^2+\mu_3^2-3\mu_0^2} \qquad (6-25)$$

式中 μ_1、μ_2、μ_3——分别为三次试加重时所测得的振动值，mm；

μ_0——未加试重时所测得的原有振动值，mm；

μ_P——试加重产生的振动值，mm。

（7）需加配重的质量

$$m=\frac{\mu_0}{\mu_P}m_0 \qquad (6-26)$$

式中 m——应加配重块质量，kg；

m_0——试加重块质量，kg。

（8）应加配重块的固定角

$$\theta = \arccos \frac{\mu_1^2 - \mu_0^2 - \mu_P^2}{2\mu_0\mu_P} \tag{6-27}$$

$$\alpha = 180° - (120° + \theta) = 60° - \theta \tag{6-28}$$

式中　θ——原有不平衡力与产生最大振动值的试振点之夹角；

　　　　α——配重块固定角，它是从最小振动值 μ_3 向中间振动值 μ_2 偏移的夹角。

实例：

某台水轮发电机转子的质量为 350t，额定转速为 250r/min，在试运转中测得上机架支腿内端水平振动为 0.12mm，降低转速时，振动也随着下降，到 60% 额定转速时，振动基本消除，认定是动平衡不良所引起，决定作三次试加重动平衡试验。

（1）试加重的质量（固定半径为 300cm）

$$m_0 = 450 \frac{\mu_M}{R n_H^2} = \frac{12 \times 350000}{300 \times (250)^2} \times 450 = 100 (\text{kg})$$

（2）经三次试加重测得振动值

$$\mu_1 = 0.175\text{mm}; \mu_2 = 0.13\text{mm}; \mu_3 = 0.08(\text{mm})$$

（3）试加重产生的振动值

$$\mu_P = 0.578 \sqrt{\mu_1^2 + \mu_2^2 + \mu_3^2 - 3\mu_0^2}$$

$$= 0.578 \sqrt{0.175^2 + 0.13^2 + 0.08^2 - 3 \times 0.12^2}$$

$$\approx 0.0598 (\text{mm})$$

（4）需加配重的质量

$$m = \frac{\mu_0}{\mu_P} m_0 = \frac{0.12}{0.0598} \times 100 \approx 200 (\text{kg})$$

（5）配重块固定角

$$\alpha = 60° - \arccos \frac{\mu_1^2 - \mu_0^2 - \mu_P^2}{2\mu_0\mu_P}$$

$$= 60° - \arccos \frac{0.175^2 - 0.12^2 - 0.0598^2}{2 \times 0.12 \times 0.0598}$$

$$= 60° - \arccos 0.875$$

$$= 60° - 29°$$

$$= 31°$$

应当指出，上述三种方法，都是以机组振动纯属于转子质量不平衡所造成的，因此只要符合这一假设，且四个振动值测量正确，那么不论采用哪种方法求出的 m 和 α 均应一致或近似。但在实际情况中，机组振动不可能由单一的转子质量不平衡所引起，电磁及水力影响也或多或少地起作用，这就使得上述三种计算受到干扰，并产生各自的计算误差，促使同一测量数值用三种方法求得的结果互有出入，其值随其他干扰力的大小及所测数值的精确程度而变化，这就是动平衡试验有时不能一次配重成功，以及不能用动平衡试验完全消除振动的原因。

此外，对高速机组，其磁轭高度大于转子直径 1/3 以上时，有时会出现较大的不平衡力偶，使上下机架水平振动较大且方向相反，在这种情况下，应分别在转子磁轭两个端面找平衡，一般先校振动较大的一端，然后再校另一端，必要时还得反回来再校原一端。

复 习 思 考 题

1. 引起机组振动的原因，一般有哪三种？机械振动和电磁振动的因素各有哪些？

2. 熟悉各种测振仪器的使用方法。

3. 叙述用哪些试验方法进行振动原因的分析？每种试验都怎么做？

4. 怎样进行水轮机转轮的静平衡试验？

5. 如何进行 h 值的计算和调整？

6. 动平衡试验中，试加重量是怎样确定的？

7. 如何做三次试加重试验？

8. 已知未加试加重时，机组振动值为 0.115mm。在发电机转子上半径为 4m 成 120° 夹角的三点上分别加试重后测得每次的振动值为 0.17mm，0.13mm，0.07mm。转子重 400t，机组额定转速为 $n_H = 150 \text{r/min}$。试分别用四圆作图法、五圆作图法和计算法求出应加配重的质量和方位角？

第七章　水轮发电机组的检修

第一节　概　　述

搞好发电厂水轮发电机组的检修，是保证机组安全、经济运行，提高机组可利用系数，充分发挥设备潜力的重要措施，是设备全过程管理的一个重要环节。

根据当前我国检修管理水平和设备的实际情况，现阶段仍然要贯彻以"预防为主，计划检修"的方针。每一个检修工作者都必须充分重视检修工作，提高质量意识，自始至终地坚持"质量第一"的思想，切实贯彻"应修必修、修必修好"的原则，既要反对为抢发电量或回避事故考核而硬撑硬挺及为抢工期而忽视质量，该修的不修；又要防止盲目大拆大换，浪费资财的做法。

应用诊断技术进行预知维修是设备检修的发展方向，可先在部分管理较好且检修技术资料较完整的电厂进行试点，积累经验，逐步推广。

检修分为计划检修和临时检修。计划检修是一种预防性检修。临时检修是发现有重大缺陷将要防碍设备正常运行而预先停机处理（这仍属于预防性检修）或发生事故后的事故检修。计划检修在水电厂一般可分为维修检查、小修、大修和扩大性大修。

一、计划检修的类别和时间间隔

1. 维修检查

这是在运行机组不停机的情况下进行的。每周一次，每次半天。

2. 小修

小修是有目的地检查易磨、易损零、部件，进行处理或做必要的试验，消除运行中发生的设备缺陷，特别是在大修前的一次小修中，应进行较详细的检查，了解和掌握设备情况，为编制大修项目、估算大修工作量提供依据。小修要在停机状态下进行。每年两次，汛前汛后各一次，每次 3～12 天。

3. 大修

大修是全面地检查机组各组成部分的结构及其技术数据，并按照规定的数值进行调整工作。这步工作往往是在不吊出水轮机转轮的情况下进行。不进行机组解体，只是局部拆修。大修的时间间隔，对多泥沙水电厂一般为 3～4 年；对非多泥沙水电厂一般为 4～6 年。

4. 扩大性大修

扩大性大修是全面、彻底地检查机组每一个部件（包括埋设部件）的结构及其技术数据，并按规定数值进行处理。扩大性大修，要吊出转动部分，进行全部解体。有时还要进行较大的技术改进工作。扩大性大修的时间间隔可根据各电厂的具体情况结合部颁标准来确定。

二、标准项目检修的停用日数

检修项目分标准项目和特殊项目（包括重大特殊项目）两大类。检修停用日数系指机组从与系统解列（或退出备用）到检修完毕正式交付调度（或转入备用）的总时间，用d表示（d是天的单位符号）。

机组大、小修标准项目的停用时间，一般按表7－1的规定（部颁标准）执行。

表7－1　　　　　　　　　　水轮发电机组标准项目检修停用日数　　　　　　　　　　　　（d）

机型 转轮直径（mm）	混流式		轴流式		冲击式	
	大　修	小　修	大　修	小　修	大　修	小　修
＜1200	20	3			10	3
1200～2500	25	3			20（25）	4
2500～3300	28	5			25（30）	6
3300～4100	33	7	35	8		
4100～5500	40	7	43	8		
5500～6000	45	8	48	10		
6000～8000	48	10	50	10		
8000～10000	50	12	50	12		
＞10000			52	12		

注　（　）中的数表示竖轴冲击式机组的停用日数。

三、大修项目的确定

大修项目的确定，可根据原水利电力部颁发的《发电厂检修规程》（SD 230—87）和结合各电厂机组的具体情况进行。表7－2和表7－3分别为部颁的水轮机和水轮发电机大修的参考项目表。

表7－2　　　　　　　　　　　　　　水轮机大修参考项目表

部件名称	标　准　项　目	特　殊　项　目	重大特殊项目
一、水轮机轴承	1. 轴承间隙测量 2. 止水装置及轴承的解体清扫、检修 3. 橡胶瓦检查、清扫 4. 橡胶瓦组合测量与加垫调整 5. 轴颈清扫测量 6. 合金轴瓦解体检查、清扫与修刮 7. 检修轴瓦球面 8. 油盆清扫，渗漏检查，毕托管、油泵分解检查 9. 更换油挡片、油环等零件 10. 轴承箱、油过滤器清扫检查，油冷却器水压试验 11. 更换止水装置、膨胀密封的易磨损件	1. 更换橡胶瓦 2. 更换合金轴瓦 3. 更换油冷却器	1. 水导轴承结构改造 2. 水导迷封型式改造

部件名称	标 准 项 目	特 殊 项 目	重大特殊项目
二、导水机构	1. 顶盖排水装置解体检查清扫 2. 导水机构润滑部分加注黄油 3. 部分导水叶端、立面间隙测量及调整（不超过 1/4 总数） 4. 部分导水叶套筒拆装、检修、换轴套止水（不超过 1/4 总数） 5. 部分导水叶局部汽（磨）蚀损坏修补 6. 接力器压紧行程测量及调整 7. 接力器分解检查或更换话塞环、锁定装置解体检查，动作试验 8. 水斗式机控制机构、喷管、挡水板、平水栅、锁环、折向板等的检查及清扫 9. 喷嘴、配合阀分解检查，清扫，换盘根，喷针、喷嘴损坏修补及其磨合 10. 喷管水压试验，检查或更换喷针杆及其导向瓦、盘根	1. 导水叶端面，立面间隙止水改进 2. 导水叶上、中、下轴套更换 3. 导水叶轴颈修补研磨 4. 双联臂拉杆解体检查及清扫，轴销轴套的测量、更换磨损件 5. 控制环立面、端面抗磨板的检查、研磨或更换 6. 修补或更换顶盖、底环的抗磨环	
三、转轮及主轴	1. 迷宫环间隙测量（或轴流式转轮叶片与转轮室间隙） 2. 转轮及转轮室的气蚀、磨损、裂纹检查及修补（核定工期内：转轮直径小于 3.3m，修补 0.5m^2，单层，大于 3.3m、修补 1.5m^2，单层） 3. 泄水锥固定情况检查、气蚀修补 4. 轴流式转轮叶片密封装置检修（1/2 总数以内） 5. 转轮体充油后叶片动作及密封装置漏油量测量 6. 转轮室可卸段内部清扫、检查及更换损坏零件	1. 轴颈开裂、磨损处理 2. 混流式转轮减压装置检查处理 3. 轴流式转轮解体、检修、耐压试验 4. 转轮叶片、转轮室大面积修补 5. 转轮静平衡试验	1. 更换转轮、迷宫环 2. 更换转轮叶片
四、蜗壳与尾水管	1. 蜗壳及尾水管一般性检查 2. 尾水管气蚀修补 3. 检查引水钢管伸缩节漏水及堵漏 4. 空气阀、蜗壳排水阀、尾管排水阀、解体检查修理 5. 补气十字架检查 6. 测量表计管路清扫	1. 更换引水钢管伸缩节止水盘根 2. 引水钢管、蜗壳除锈刷漆或喷锌 3. 蜗壳及尾水管灌浆 4. 尾水管破损修补	
五、水轮机补气装置	1. 真空破坏阀解体、清扫、试验调整 2. 吸力真空阀解体、清扫、试验调整 3. 更换真空破坏阀、吸力真空阀的零件		

部件名称	标 准 项 目	特 殊 项 目	重大特殊项目
六、调速系统	1. 调速器各零件和管路解体检查清洗 2. 主配压阀、辅助接力器、引导阀、液压阀、飞摆转动套、针塞杆等磨损检查 3. 导水叶开度、轮叶转角指示计调整 4. 缓冲器、启动装置、事故配压阀等调整试验 5. 双减速装置解体检查和调整 6. 调速系统死行程测量调整 7. 转速差机构整定值校验 8. 电液转换器检查试验 9. 电气回路检查试验 10. 接力器行程、导叶开度（喷针行程及折向器位置）关系曲线测量及调整 11. 调速器静特性试验 12. 导叶、转轮叶片、喷针和折向器的关闭时间、测量和调整	1. 更换主配压阀及补助接力器、液压阀等零件 2. 更换飞摆转动套和针塞等零件 3. 更换电液转换器 4. 飞摆解体检查及特性试验	
七、油压装置和漏油装置	1. 压油罐、贮油箱、漏油箱的清扫、检查、刷漆 2. 油过滤网的清扫、检查、修理或更换 3. 油泵、安全阀、放空阀、逆止阀、补气阀等解体检查、试验及阀门研磨或更换 4. 油冷却器清扫、检查、试验耐压或更换 5. 透平油过滤、化验 6. 调速系统泄漏试验 7. 电气回路、元件的试验、校验、检修	1. 更换油泵螺杆、齿轮 2. 更换油泵衬套，重浇巴氏合金 3. 更换油面计 4. 压油罐耐压试验	
八、蝴蝶阀、球阀、快速闸门	1. 检修前后开关时间测量及调整 2. 止水密封泄漏试验，严密性检查 3. 主轴承解体检查，刮瓦及轴封检查 4. 更换球阀止水环、封水环或轴瓦 5. 接力器解体检查，清洗、换活塞环（或密封件） 6. 止水围带的修理 7. 操作机构解体检查更换零件 8. 油泵、安全阀分解检查调试 9. 快速闸门的启闭机油缸、拉杆、活塞分解检查、研磨 10. 接力器锁定装置及旁通阀分解检查及修理 11. 电气回路检修试验调整及整体系统操作整定	1. 蝶阀止水围带更换 2. 蝶阀轴封更换 3. 动水关闭试验 4. 球阀阀体耐压试验，更换蜗母轮，蜗母杆等零件	

部件名称	标 准 项 目	特 殊 项 目	重大特殊项目
九、机组辅助设备系统	1. 供水泵、排水泵分解检查 2. 供水系统过滤器、减压阀及液压阀等分解检查 3. 各类阀门分解检查及门座研磨 4. 立式水泵轴承、轴封检查处理	1. 更换供排水泵 2. 更换重要阀门如逆止阀、减压阀等 3. 检查或更换排水泵滤网底阀 4. 修理或更换过滤器	
十、自动装置和保护装置	1. 仪表校验及修理 2. 保护和自动装置及其元件的检查、修理、调整和试验 3. 表盘清扫、检查	1. 更换设备，改造系统 2. 更换表盘、电缆	
十一、厂用系统及电气设备	1. 检查并清扫厂用系统及各部电动机、开关及控制回路 2. 电气设备的预防性试验 3. 配套的配电装置、电缆及照明设备的检查修理	1. 更换电动机 2. 更换电缆、开关	
十二、受油器	1. 受油器分解检查 2. 受油器操作管检查、铜瓦间隙测量	1. 受油器操作管更换 2. 铜瓦研刮或更换	
十三、其他	根据设备状况需增加的检修项目		

表 7-3　　　　　　　　　　　　水轮发电机大修参考项目

部件名称	标 准 项 目	特 殊 项 目	重大特殊项目
一、定子	1. 定子机座和铁芯检修，径向千斤顶及剪断销检查 2. 定子端部及其支持结构检查，齿压板修理 3. 定子绕组及槽口部位检查，槽楔松动修理（不超过槽楔总数的1/4） 4. 挡风板，灭火装置检查修理 5. 电气预防性试验 6. 水内冷定子线棒反冲洗及水压试验 7. 测温元件校验	1. 齿压板更换 2. 端部接头、垫块及绑线全面处理，支持环更换 3. 分瓣定子合缝处理，定子椭圆度处理 4. 线棒防晕处理 5. 吊出转子，检查和处理定子槽楔，检查和清扫通风沟	1. 线棒更换 2. 铁芯重叠 3. 定子改造
二、转子及主轴	1. 空气间隙测量 2. 轮毂、轮臂焊缝检查，组合螺栓、轮臂大键、轮环横键检查 3. 磁极、磁极键、磁极接头、阻尼环、转子风扇检查，高速发电机极间撑块检查 4. 转子各部（包括通风沟）清扫 5. 制动环及其挡块检查 6. 滑环炭刷装置及引线检查、调整 7. 电气预防性试验及轴电压测量 8. 水内冷转子反冲洗、水压试验 9. 机组轴线调整（包括受油器操作油管）	1. 轮环下沉处理 2. 轮臂大键修理 3. 转子圆度及磁极标高测定调整 4. 磁极线圈匝间绝缘处理 5. 磁极线圈、引线或阻尼绕组更换 6. 滑环车削或更换 7. 转动部分找动平衡 8. 处理制动环磨损	转子改造

部件名称	标 准 项 目	特 殊 项 目	重大特殊项目
三、轴承	1. 推力轴承转动部分、轴承座及油槽检查 2. 弹性油箱压缩值测量 3. 轴瓦检查及修刮，水冷轴瓦通道除垢及水管水压试验 4. 导轴瓦间隙测量、调整，导轴承各部检查 5. 轴承绝缘检查处理 6. 润滑油处理 7. 油冷却器检查和水压试验，油管道、水管道清扫和水压试验 8. 高压油顶起装置清扫检查	1. 轴瓦更换 2. 油冷却器更换 3. 推力轴瓦找水平及受力调整 4. 推力头、卡环、镜板检修处理	推力轴承镜板研磨与冷却循环系统改造
四、机架	1. 机架各部检查清扫	1. 机架组合面处理 2. 机架中心、水平调整	
五、励磁系统	（一）励磁机 1. 空气间隙测量、调整 2. 励磁机各部及引线检查、清扫 3. 炭刷装置检查、调整 4. 励磁机整流子圆度测量，云母槽修刮 5. 励磁回路各元件清扫、检查，电气性能试验 6. 励磁机槽楔松动处理 7. 励磁机摆度测量和调整 8. 励磁机空载及负荷特性试验 （二）可控硅励磁装置 1. 装置清扫、外观检查 2. 电压互感器、电流互感器、自用变压器、整流变压器、串联变压器、并联变压器等检查、试验 3. 单元板、脉冲板、功率柜及整流元件等检查、试验 4. 检查并校验各继电器、接触器，二次回路检查耐压试验 5. 风机检修 6. 回路模拟及在空载、带负荷工况下试验	1. 励磁机整流子车削涂镀 2. 励磁机磁极或电枢绕组更换 3. 励磁机电枢绕组接头重焊，绑线重扎 4. 励磁机主极，换向极距离调整 5. 大功率整流元件更换 1. 可控硅励磁装置部件的改装、更换配线 2. 串联变压器及并联变压器大修	
六、空气冷却器	1. 检查清扫及水压试验 2. 管系阀门检修及水压试验，保温层修补	更换冷却器或铜管	
七、制动装置	1. 制动器闸板与制动环间隙测量与调整 2. 制动器闸板更换 3. 制动器分解检修及水压试验 4. 制动系统油、气管路、阀门检修及压力试验 5. 制动系统模拟动作试验 6. 电气制动系统校验、开关检修	1. 制动器更换或结构部件改进 2. 制动系统改造	制动装置改型

部件名称	标 准 项 目	特 殊 项 目	重大特殊项目
八、永磁发电机和转速继电器	1. 永磁发电机空气间隙测量 2. 永磁发电机检查、清扫，轴承加油，传动机构检查 3. 永磁发电机转速电压特性测定 4. 转速继电器检修或更换	1. 永磁发电机抽出转子检修 2. 永磁发电机轴承更换	
九、其他	1. 自动控制元件和操作系统，保护盘检查、校验 2. 各种表计检查、校验 3. 整流变、串联变、隔离变、消弧线圈电压互感器、电流互感器等设备的预防性试验和检修，绝缘油简化分析 4. 油、水、气管路系统检修		
十、机组整体试运行	1. 充水、空载及带负荷试验 2. 机组各部振动、摆度测量 3. 甩负荷试验 4. 导叶漏水量测定 5. 调相运行试验	1. 发电机电气参数测量 2. 机组过速试验	

为了促进发电设备的技术进步，可靠地延长设备的使用时间，应逐步把检修工作目标从以恢复设备性能过渡到改进设备性能，实现以技术进步为中心的改进性检修。

第二节　水轮机主要零部件的修复

水轮机过流零、部件遭到泥沙磨损和气蚀破坏后，需要在现场进行修复，使其恢复其工作能力。由以上两种原因造成的损坏尽管有所不同，但却有着最为基本的共同点，那就是工作零、部件表面金属的大量流失和在局部形成穿孔。所以，两种情况的修复工作基本相同，并构成水轮机的主要检修工作内容。

因为任何拆卸和随之进行的装配，都有损于它们的工作状态，所以若必须进行分解工作时，也应便拆卸工作范围尽量的缩小。

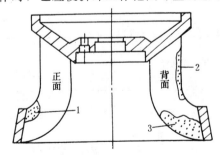

图 7-1　混流式水轮机转轮气蚀的部位
1—叶片进水边正面；2—叶片进水边背面；
3—叶片背面靠下环和出水边一带

一、转动部分检修

1. 转轮气蚀和泥沙磨损后的修复

混流式水轮机的转轮发生气蚀的部位多半有三处，如图 7-1 所示。3 区气蚀最为常见，它位于叶片背面，靠近下环和出水边一带；2 区气蚀为叶片进水边的背面；1 区气蚀位于叶片进水边正面，靠近下环的内侧。

遭到泥沙磨损和气蚀破坏的混流式水轮机转轮，修复的主要方法是补焊。目前常用的是表面分层补焊法。下面主要介绍这种修复方法。

168

（1）工具与焊接材料准备：为了使转轮补焊工作能够顺利进行，必须提前做好工具和焊接材料的准备工作。所需要的主要工具和设备有：直流电焊机、焊具、风铲、炭弧气刨、砂轮机、探伤设备、加温和保温设备、测量工具和仪器等。焊接材料，则采用国产的堆277、堆276等耐气蚀堆焊电焊条。这类焊条抗气蚀性能良好，生产原料丰富，价格较低廉。堆277是低氢型药皮的堆焊电焊条，采用直流电源，焊条接正极，焊缝金属能加工硬化，富有韧性，并具有良好的抗裂性能。堆焊层硬度 $R_c \geq 20$，堆焊金属的主要成分为：碳 $\leq 0.3\%$，锰 $10\% \sim 14\%$，铬 $12\% \sim 15\%$。堆276焊条可交、直流两用，其他性能同堆277。对于泥沙磨损破坏的转轮，宜采用国产堆217铬钼钒堆焊电焊条进行修复，它的堆焊层具有很高的抗泥沙磨损稳定性。这种焊条是低氢型药皮，铬钼合金钢芯，采用直流电源，焊条接正极。堆焊层硬度 $R_c \geq 50$，堆焊金属成份为：碳约 0.35%，铬约 9%，钼约 2.5%，钒约 0.6%。为了节省抗气蚀焊条，底层可用优质低碳钢焊条堆焊。

（2）转轮被侵蚀面积、深度和金属失重量的测量：转轮补焊前，首先应对气蚀和泥沙磨损的破坏情况进行检查，测量侵蚀面积、深度和金属的失重量。

侵蚀面积可用涂色翻印法测量。在侵蚀区域的周边涂刷墨汁等着色材料，待涂料干燥前用纸印下，再将纸放在刻有 $10 \times 10mm$ 方格的玻璃板下，用数方格的方法求得各侵蚀区面积，将每块面积叠加起来便得出每个叶片或整个转轮叶片的侵蚀面积。

侵蚀深度可用探针或大头针插入破坏区测量，再用钢板尺量得。如图7-2所示为某电厂自制的侵蚀深度测量器，它可以很方便地测得各部位的侵蚀深度。曲线弓1用厚度为 $8 \sim 10mm$、宽度为 $25 \sim 30mm$ 的铝板制成，其长度视侵蚀区域大小而定，带有刻度的测针5连同紧固零件一起可以在曲线弓的槽内滑动，测定出曲线弓下各点的深度。测量时，先将曲线弓1弯至与被测部位的曲率相同，轻轻靠近叶片，防止曲线弓变形，将测针插入被测点，再旋紧紧固用螺帽2，使测针固定在曲线弓上，曲线弓下测针的读数即为该点的侵蚀深度。

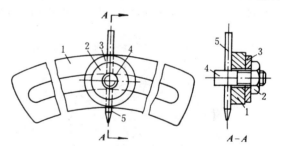

图7-2　侵蚀深度测量器
1—曲线弓；2—紧固用螺帽；3—垫片；
4—紧固螺栓；5—测针

金属的失重量，可用泥子按叶片的曲面形状涂抹在侵蚀区上，然后取下称重，按其比重换算出金属的失重量。

上述测量结果将作为评定破坏强度的原始数据和检修工作的必备资料加以记录保存。

（3）气蚀区的清理和补焊：对需要补焊的地方，应先将气蚀层用风铲和炭弧气刨剥掉。剥去的深度一般达到使95%以上的面积露出基本金属。用砂轮将高点和毛刺磨掉。对于侵蚀深度不超过2mm的区域可直接用砂轮机打磨。对于个别小而深的孔可不必清理，对于较大的深坑，为避免铲穿成孔，可留下3mm左右不予清除，作为堆焊的衬托。对于穿孔严重的叶片出水边，可事先做出样板，然后将气蚀的叶片成块割掉，按样板用中碳钢板进行复制，复制完毕再拼焊在叶片上。

近年来，一般水电站多采用炭弧气刨清理侵蚀区，它操作简单，工效较高，但烟雾大，炭粉飞溅厉害，必须加强通风，以改善工作条件。

在水电站内补焊转轮，难以进行热处理回火和矫形，所以转轮较大面积的堆焊必须采用合理的工艺，控制转轮的不均匀变形，减少内应力，从而避免发生裂纹。国内各水电站在检修实践中，积累了不少这方面的经验。许多水电站的实践表明，在低温下进行堆焊，应力大，变形大，容易发生裂纹，所以最好在施焊前，用远红外线加热片对转轮进行整体预热，待温度达到100℃左右，采用对称分块跳焊法进行施焊。当转轮直径较小时，可由一人施焊，轮流对称焊；直径较大的转轮，宜采用四名或两名焊工沿圆周方向对称施焊，如图7-3所示。假如有四名焊工堆焊14个叶片的转轮，A、B、C、D四个区域，四人分别占据1、8、4、11号叶片，同时施焊后，四人同时向一个方向转换位置，占据相邻的叶片施焊。对于同一个叶片，如果补焊的工作量很大，为使叶片均匀受热，应采用分块跳步焊的方法施焊。分块的尺寸没有严格限制，一般可以分成200×150mm的方块，各块接头应错开。在同一个叶片上换位时，最好间隔1~2个方块区，使堆焊的热量均匀分散。堆焊时，最好每层焊波交叉压焊，每次的堆焊量要少。对于侵蚀深度大于8mm的地区，属于严重破坏区，一般要先行堆焊。先用与母材化学成份接近的结426或427打底，最后焊两层不锈钢焊条，其焊肉要高出原来表面2mm以上，以便焊后用砂轮机打磨光滑并符合原来的型线，如图7-4所示。对于已穿孔的部分，孔中应事先加入填板，填板周围分几次施焊，最后在填板表面和焊缝上堆焊两层抗磨损或抗气蚀的表面层。

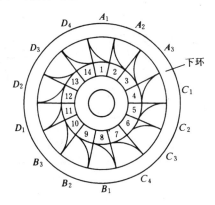

图7-3 对称分块焊示意图

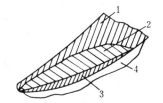

图7-4 侵蚀补焊图
1—母材；2—碳素钢；3—不锈钢抗蚀层；
4—磨去部分

当补焊工作在转轮室内进行时，通风是一项重要工作。实践表明，在主轴头上设鼓风机，在钢管的通气孔设抽风机，并保证转轮室内的风速在0.6m/s以上时，焊工感觉良好。风向最好从焊工头部上方流入，从下方流出。千万不要从下方吹入，更不要从背部吹入，防止焊工感冒。

（4）磨光和探伤：补焊完成后，应进行表面磨光。磨光前，先用超声波进行补焊区的探伤检查。要求叶片与上冠及下环的根部、叶片中部、侵蚀堆焊区等均不得有裂纹、夹渣和沙眼。否则，应铲（刨）掉重焊。磨光这一工作一般是用砂轮机进行，边磨边用事先做好的模板检查，使其恢复到原来的型线。经验证明：在叶片型线正确的条件下，表面越光滑，组织越细密，抗蚀性能则越强。

值得提出的是近年来某些遭受泥沙磨损破坏严重的水轮机，采用非金属涂层（环氧沙浆涂层、聚脂胺橡胶涂层等）作为水轮机过流表面的保护层，运行实践表明是有效的。环氧沙浆涂层施工方便，可在短时间内抢修被磨损的转轮，对机组不拆卸小修比较有利，节省开支，是一种很有前途的水轮机修复方法。

转轮经补焊修复后，必须达到如下补焊要求：

1）经探伤检查，叶片与上冠及下环根部、叶片中部、侵蚀堆焊区等均不得有裂纹；

2）叶片曲面光滑，不得有凸凹不平处；

3）补焊层打磨后，不得有深度超过 0.5mm、长度大于 50mm 的沟槽和夹纹；

4）抗气蚀或泥沙磨损层不应薄于 5mm；

5）叶片如经修型处理，其与样板的间隙应在 2～3mm 以内，且间隙同间隙长度之比要小于 2%；

6）堆焊处理的转轮，其粗糙度越高越好，至少应达到 $\overset{12.5}{\triangledown}$ 以上；

7）应做静平衡试验，消除不平衡质量。

转轮的变形应满足如下规定：

1）转轮上冠与下环的圆度单侧变形，从止漏环处测量应小于原有单侧间隙的 ±10%；

2）转轮上冠与下环不同轴度的变形，应在原定止漏环间隙的 ±10% 以内；

3）转轮轴向变形小于 0.5mm；

4）叶片开口变形小于检修前叶片开口的 1%～1.5%；

5）法兰变形小于 0.02mm/m，不得有凸高点。

2. 叶片裂纹检查与处理

大型混流式水轮机的转轮，由于采用铸造或铸焊或分瓣焊接等工艺，使得转轮自身存在着许多可能导致叶片产生裂纹的因素。如：由于铸造工艺不良引起的夹沙、气眼等缺陷和铸造应力；由于结构设计不合理而残存的结构应力；由于电焊工艺不合理而带来的焊接应力等等。在运行过程中，叶片要承受水流脉动作用力，这种以某一频率振动的脉动力能引起材料的疲劳应力，促使叶片在应力集中的地方发生裂纹。严重时有的叶片出现龟裂，甚至裂纹长度伸展到整个叶片而形成断裂，直接威胁着机组的安全运行。必须注意检查，早期发现，及时处理。

（1）裂纹检查与标记：叶片裂纹可使用超声波探伤仪进行检查。发现裂纹，应标记出裂纹的部位、长度和深度，如图 7-5 所示，以便开坡口进行补焊。

（2）裂纹焊接工艺：为了进行裂纹补焊，必须事先将裂纹处用炭弧气刨开好坡口。根据裂纹的深度和施焊工艺，坡口的形状和尺寸，如图 7-6 所示。

在图 7-6 中，(a)、(b)、(c)、(d) 用于裂纹没有穿透叶片厚度的情况下，其中图 (b) 和图 (d) 两种形

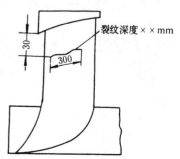

图 7-5　叶片裂纹标记

式为好，图（a）和图（c）次之，因为角度太尖易夹渣；图 7-6 中的图（e）、（f）、（g）、（h）型坡口用于裂纹穿透的情况下，其中图（f）型坡口用于发生在叶片上的裂纹为好，而图（g）型坡口一般常用于叶片与下环接合部位的裂纹上。

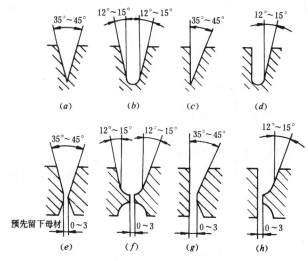

图 7-6 各种坡口的形状和尺寸

打出如上形状的坡口后，还必须用 30% 浓度的硝酸溶液进行酸洗检查，用毛笔将酸液涂在坡口底部，几秒种后酸液便可渗入裂纹，此时用棉花或布将酸擦干。如存在裂纹的话，就可看到黑色的裂纹，这就要求继续加深坡口，直至用酸洗法检查后证明不存在裂纹为止。

要注意采用双面坡口时，应将母材预先留下 2~3mm。在焊过几道焊肉之后，再将母材刨去。因为第一道焊肉与这种母材之间容易夹渣。为了防止焊接应力过大，一般在焊接之前需要将叶片加热。目前有些电站用远红外线加热片对部件进行加温，效果很好。

根据母材的化学成份选取与之相接近的焊条。要求焊条保持焊皮干燥，不脱落，焊前至少在温度高于 300℃ 的烘箱中烘干一小时以上，随烘随用，以防潮湿。

焊工要经过考试合格才能准其焊接。焊接时，应对称地均匀地分布在各叶片上，以减少焊接变形。对深度大于 30mm 的坡口应采用镶边焊，其焊接步骤，如图 7-7 所示。图 7-7 中的图（a）为单边焊，头几道焊肉先镶在较厚的一面，以防发生焊接裂纹。坡口焊满后，需焊一层退火层或采取保温措施使之缓缓冷却。如坡口在气蚀区，则退火层应采用抗气蚀焊条如堆 277，其厚度仍要高出 3mm 左右，以便进行表面磨平处理，如图 7-8 所示。

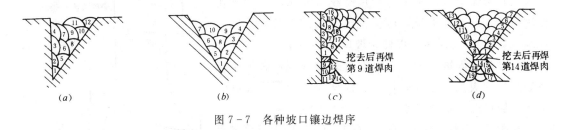

图 7-7 各种坡口镶边焊序

为了减少焊接内应力，在施焊过程中，除第一道焊肉和退火层外，其余焊道都应进行锤击。图 7-9 为锤头与锤击路线图。

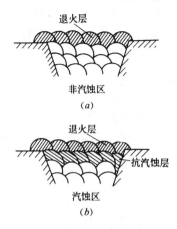

图 7-8 坡口表面焊层

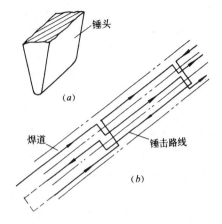

图 7-9 锤头形状与锤击路线
（a）锤头形状；（b）锤击路线

全部坡口堆焊完毕，用探伤法进行检查，合格后，用砂轮机将叶片表面按原型线磨平。如有气孔、夹渣和裂纹，应刨掉重焊。

3. 叶片开口测量与整形处理

由于叶片受力后可能在叶片出水边发生塑性变形，或者气蚀补焊后型线被破坏，使得叶片与叶片之间的流道宽度不均匀而产生水力振动，引起效率的降低。大修时，必须检查叶片开口度和进行整形处理。

（1）叶片开口度测量：根据制造厂所给图纸的技术数据和允许值，绘成图 7-10 和表 7-4 的图表，由专人进行测量和记录，一般应反复进行两次，以便互相校验。如果相邻叶片实测数值没有超过设计允许值 $a_0 \pm 0.5 a_0$，平均开口偏差为 $^{+0.03}_{-0.01} a_0$ 时认为是可以的，不必进行处理。

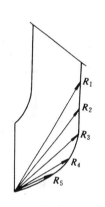

图 7-10 叶片开口
测点分布

表 7-4 　　　　　　　　　　叶片开口测量［检修前（后）］表

叶片号 测点 开口设计值	$R_1 =$ $a_1 + \Delta$	$R_2 =$ $a_2 + \Delta$	$R_3 =$ $a_3 + \Delta$	$R_4 =$ $a_4 + \Delta$	$R_5 =$ $a_5 + \Delta$	$R_6 =$ $a_6 + \Delta$
1—2						
2—3						
3—4						
4—5						
……						
13—14						
14—1						

测量者　　　　　　　　　　　　记录者　　　　　　　　　　　　年　月　日

4. 主轴磨损检查与处理

水轮机轴的轴承段在较长时间运行后要发生磨损，特别是水润滑的橡胶导轴承，其不锈钢段磨损严重。除了被磨成扁圆形之外，还会出现许多深沟。为了恢复大轴的圆度，应在大修时，对轴颈进行检查和处理。

（1）轴颈检查：对于＞1m 的油润滑的轴颈单侧磨损值＜0.1mm 以内为合格；用水润滑的橡胶瓦导轴承，单侧偏磨值在 0.5mm 以下为合格。轴颈偏磨方位和数值的检查方法如图 7－11 所示。将百分表 1 装在特制的百分表架 2 上，百分表架两脚支在未磨损的轴表面，表架靠在水平夹环 3 的上平面上。把轴颈圆周八等份，转动表架每隔 45°测记一个读数，180°方向两个测值之差，即是该方向的偏磨值。

（2）轴颈处理：当轴颈偏磨超过允许值时，要进行处理。有现场处理和运回制造厂处理两种方法。如在现场处理，由于缺大车床，只能用土办法。某电站采用以大轴为支柱，皮带绕过大轴带动转动架可以绕轴做圆周运动，用固定在走刀架上的砂轮机进行大轴的磨削处理。其简图，如图 7－12 所示。

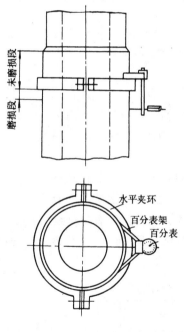

图 7－11 轴颈测量

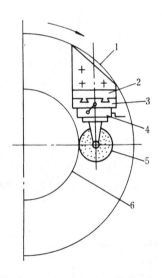

图 7－12 土法磨大轴简图
1—转动架；2—纵向导轨；3—纵向滑板；
4—小刀架；5—砂轮机；6—水轮机主轴

如果发现不锈钢衬有横向深沟，可用堆 227 或 OK_{201S} 焊条补焊，然后再磨光。一般有几道小沟可以不必处理。如现场解决不了，可将大轴拆下，运至制造厂车削。

二、导水机构检修

机组大修时，导水机构的检修程序是往往先进行几项试验和测量（漏水试验、导叶间隙测量、接力器压紧行程测量、导叶开度测量等），然后将各部件拆卸、检查、处理、装配后进行修后试验。这里只介绍漏水试验、导叶磨损气蚀处理、导叶开度测量、导叶轴承及轴颈的处理。

1. 导叶漏水量测定

大修前后均应进行导叶漏水试验，从而掌握导叶密封效果，检查导水机构检修后（尤其是导叶间隙调整）的质量。

导叶漏水量越小越好。如漏水量大，不但使停机困难，造成水能损失，而且在调相运行时还会增加通气压水的工作量。常用容积法测定导叶的漏水量，其布置方式，如图7-13所示。

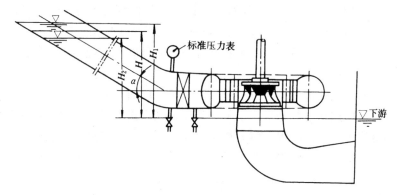

图 7 - 13 容积法测定导叶漏水量

图7-13中的标准压力表是在试验前临时将钢管压力表卸下而装上去的。关闭进口闸门，假定进口闸门处不漏水，导叶处于关闭状态，主阀开启，其他技术供水阀门关闭，先排出一部分水使压力钢管内水位低于进水闸门口下坎。

在这种情况下，钢管内水位经过一段时间 t，下降了高度 $h=1m$（可由压力表反映出来），则漏水量 q 为

$$q = \frac{\pi D^2 h \times 1000}{4t\sin\alpha} \quad (L/s) \tag{7-1}$$

式中 D——压力钢管直径，m，

h——钢管内水面下降的高度，$h=1m$；

t——钢管内水面下降 1m 所需要的时间，s；

α——钢管轴线的倾斜角度。

考虑到取水闸门漏水的影响，应用上述方法测出闸门的漏水量，则导叶实际漏水量 $q_{实}$ 为

$$q_{实} = q_{闸} + q \tag{7-2}$$

换算到设计水头时导叶漏水量

$$q_{设} = q_{实}\sqrt{\frac{H_{设}}{H}} \quad (L/s) \tag{7-3}$$

式中 $q_{设}$——机组在设计水头时导叶漏水量，L/s；

H——钢管内的试验水头（m），$H = \frac{1}{2}(H_1 + H_2)$；

$H_设$——设计水头，m；

　$q_实$——试验水头时的实际漏水量，L/s。

一般应测 2～3 次，求其平均值。

2. 导叶磨蚀处理及开度测量

(1) 导叶磨蚀处理：由于泥沙磨损和间隙气蚀的破坏，往往使导叶表面特别是两导叶的接缝处产生气蚀破坏。

导叶磨蚀的处理方法有两种：

1) 不吊导叶原地处理：在非接触面气蚀区，当气蚀深度小于 3mm 时，可直接堆焊不锈钢焊条；而气蚀较深，其深度大于 3mm 时，先用炭弧气刨把表面的气蚀层吹掉，再用砂轮机打出新鲜金属，然后再堆焊不锈钢焊条，并做磨平处理。整个焊接过程中，要做好通风工作。

当导叶接触面被气蚀破坏时，一般只发生在某一段内，面在全长范围内，尚有未被气蚀破坏的地方，应以这一段为基准，把气蚀破坏段先用炭弧气刨吹掉，再用砂轮磨出新鲜金属，采用小电流施焊工艺堆焊不锈钢焊条。电流要适中，如过大，往往会产生温度应力而出现裂纹。打磨堆焊面时应参照基准进行，最后用锉刀锉削接触面，用钢板尺找直。处理后关闭导叶，检查该导叶的立面间隙达到要求为止。

2) 吊出导叶在机坑外处理：这时工作条件较好，可以用稍为复杂和全面的办法处理导叶的气蚀破坏。对于因河沙含量大，气蚀破坏严重的机组，可在导叶的接触面处镶焊不锈钢板条，而对被间隙气蚀破坏的导叶，其上、下端面也可堆焊一层不锈钢焊条，然后磨平。这样，即可减小导叶端面漏水，又能减慢导叶的间隙气蚀破坏。

对于中、高水头含沙量较大的水电站，常使导叶体遭到严重磨损破坏，导叶出水边常被磨掉许多，如果仍用补焊办法修复，其工作量甚大又不易保证质量，因而必须更换导叶。对于这样一些水电站，导叶应留有相当数量的备品。

(2) 导叶开度测量：扩大性大修中，吊出导叶进行处理，这就要求在修前和修后测量导叶开度。规定导叶最大开度偏差小于最大平均开度的 $\pm 3\%$（即 $3\% \overline{a}_{max}$），这样可以防止水力不均衡而引起的振动。

一般大修时，要测 $a_0 = 25\%$、50%、75%、100% 四个位置，互相成 $90°$ 的四个导叶的开度值；扩大性大修时，要测 $a_0 = 50\%$、100% 两个位置的全部导叶开度值。测量在导叶立面的中间部位进行。

3. 导叶轴承及轴颈的处理

(1) 导叶轴承处理：旧式机组的导叶轴承大多数是采用干油润滑的锡青铜轴承。目前新机多采用工程塑料取代锡青铜轴承，如 Mc 尼龙、尼龙 1010、聚甲醛等自润滑轴承。下面只介绍这种轴承的修理方法。

如有的电站装用的尼龙 6 或 Mc 尼龙轴套的导叶轴承，安装前没有将轴套进行水胀处理（即在沸水中煮上百个小时），按图纸给的配合间隙装上，开始运行情况良好，过了不久，在关机时便发现剪断销被剪断。有时一天连续发生多起剪断销破坏事故，这表明尼龙6 或 Mc 尼龙轴套在水中发生了水胀现象。

为了解决尼龙瓦因水胀所产生的抱轴现象，要将导叶套筒吊出来，重新计算轴承的配

合间隙，根据经验

$$\delta = (0.005 \sim 0.006)d \tag{7-4}$$

式中　δ——轴承的配合间隙，mm；

　　　　d——导叶轴颈，mm。

测量出导叶轴颈 d，根据上述间隙求出导叶上、中轴承内孔直径，把导叶套筒（图7-14）卡在车床上配车，使间隙值符合式（7-4）。

对于下轴承可按图7-15的方式将它拔出，并把它压装在内孔尺寸与轴套外径相同的模具内，按间隙要求放在车床上加工。如果拔不出来，只要按公差车一只假轴，用它来检验下轴套的内径尺寸，用刮刀将下轴套（瓦）修圆。也有用小立式镗床来处理下轴瓦的。经过上述处理之后，是能够克服抱轴现象的。

尼龙轴瓦经过长时间运行，如间隙太大，应更换新轴瓦（备品）。

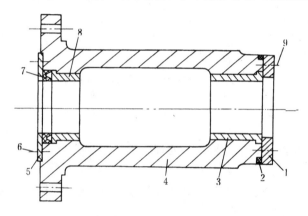

图7-14　采用工程塑料轴承的套筒

1—抗磨环；2—圆橡皮；3—中轴套（尼龙）；4—套筒；5—压环；
6—压环螺钉；7—U型盘根；8—上轴套（尼龙）；9—组合螺钉

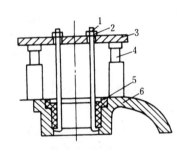

图7-15　拔下轴套

1—抓钩；2—螺帽；3—横梁；4—千斤顶；
5—下轴套（尼龙）；6—底环

（2）导叶轴颈处理：由于导叶轴颈处于较特殊不规则的受力状态，它转动角度仅从0°～60°，速度在0～0.02m/s范围内变化，正常时压力为0～10MPa，当全关闭时，由于压紧量的影响，压力还要大，剪断销破断强行关闭时，压力要倍增，因而轴颈也发生偏磨和损坏，当损坏严重时，可将导叶轴颈车圆，然后包焊一层不锈钢，再车到规定尺寸（不锈钢的厚度不得小于2mm）。当轴颈磨损不严重时，可喷镀一层铬或不锈钢层，力求表面光滑，这样可减少摩擦系数，防止腐蚀。

三、水导轴承检修

（一）水导轴瓦检修

水导轴承根据冷却介质和轴承结构的不同，可分为橡胶瓦水润滑导轴承、分块瓦油润滑导轴承和筒式瓦油润滑导轴承三种。这里只介绍分块瓦导轴承的修复。如图7-16所示是自循环油润滑分块瓦式导轴承。这种轴承主要优点是轴瓦分块，间隙可调，运行可靠，制造、安装均很方便。它的缺点是主轴上要套装轴领，使得制造复杂一些，造价也高一点。

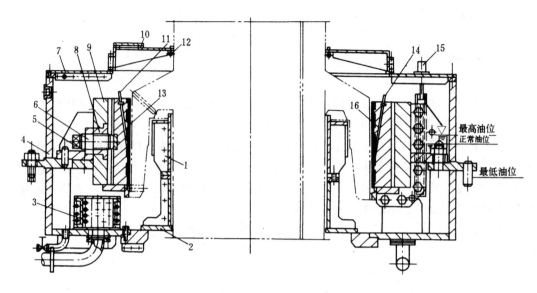

图 7-16　分块瓦油润滑导轴承

1—上挡油圈；2—下挡油圈；3—冷却器；4—油槽；5—抗重螺栓；6—背帽；7—轴承盖；
8—镶块；9—轴承体；10—轴承密封盖；11—电阻温度计；12—盘根；13—合金垫块；
14—信号温度计；15—油位信号计；16—锡基合金轴瓦

分块瓦轴承大修项目有：轴承间隙测量、轴瓦检查与处理、轴承拆装等。

1. 轴承间隙测量

分块式水导瓦的间隙测量，与第三章第七节发电机导轴瓦间隙测量方法相同，测量时应作记录，这里不再重述。

2. 轴瓦检查与处理

将抗重螺栓的背帽松开，再旋松抗重螺栓，吊出轴瓦放在垫有木板的地面上。检查轴瓦合金与轴承体的结合情况，局部脱壳时，一般肉眼难以发现，大部分脱壳时，应重新挂瓦。

（1）挂瓦：挂锡基合金瓦这道工序很重要，材料用 ChSnSb11-6（专有厂家生产）。焊剂由氯化铵、氯化锡各一份，氯化锌 12.5 份，盐酸 0.5 份，水 23.6 份混合制成。热电偶控制熔炉（温度在 430～460℃）、预热炉及搪锡炉（温度在 300～350℃）各一台。其挂瓦工艺如下：

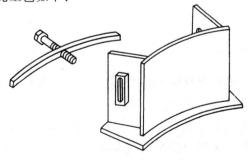

图 7-17　分块瓦浇锡基合金的胎具

1）将干净的瓦坯放入预热炉中加温至 300～350℃（用热电偶控制）；

2）将预热好的瓦坯拿到炉外刷一层焊剂，立刻将瓦坯放入锡锅搪锡，要均匀全部搪上一层锡以便挂瓦；

3）平台上放好胎具，如图 7-17 所示。将搪好锡的瓦坯清扫干净放入胎具中，底部和三面垫以石棉纸。瓦坯背面用顶丝顶好，然后浇铸锡基合金，此时锡基合金溶液呈孔雀兰色；

4）浇铸锡基合金后，用水管向胎具四周喷水冷却，同时用从熔炉中拿出来的烙铁不断加热上层合金，保证合金补缩，以防止因外表冷却而凝固致使内部出现气孔和夹渣；

5）浇完后，应进行质量检查。如温度适宜，动作迅速，锡基合金瓦的质量不会出现问题。

（2）熔焊：检查瓦的表面磨损情况。通常轴瓦磨损并不严重，除少数高点被磨去花之外，余下部分瓦花仍然存在。这时，用平刮刀刮去高点，并重新挑花即可。

当轴瓦的局部地区由于磨损出现条状沟或由于轴电流使锡基合金被破坏时，轻者可用刮刀将毛刺刮去，修整平滑。严重者，可采用熔焊的办法处理。备有电炉子和焊锡锅各一个，温度控制在 460～470℃（合金液体呈孔雀兰色），供加热电烙铁用。准备好两把电烙铁（一把尖头，一把平头），焊料（最好与瓦的材料相同，如 ChSnSb11-6）、和焊接剂。

焊接时，第一次用尖头烙铁，第二次用平头烙铁，采用分段间隔熔焊法，如图 7-18 所示。这样可以避免局部地区温度过高，产生热胀脱壳现象。

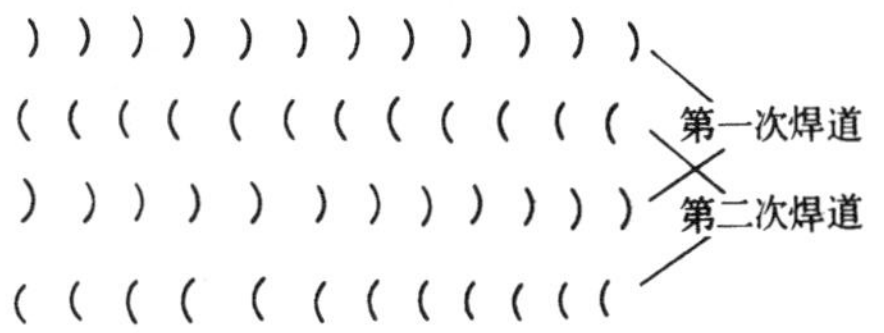

熔焊时要注意焊头与被焊面垂直，焊头化入被焊面之后，用焊锡在烙铁侧面化一点熔下焊上。

图 7-18　分段间隔熔焊法

焊最后一次时，用宽头烙铁，不用焊料，只把瓦表面整平滑一些，使焊肉比原来平面高出 1～2mm。然后用样板刀把焊过的瓦表面刮成近似原来的曲面形状。

要求焊后不产生夹渣，无气孔，更不容许脱壳。

一般情况下，检修轴瓦时只做刮花处理，很少进行研磨。在大面积熔焊后，要进行研刮工作，这是为了使轴瓦与轴领有良好的配合。如果大轴处在竖立位置，其他部件只能立放。因此，在研磨时要在轴瓦相对轴领位置的下面做一个用角铁围成的托架，以便用来支承正在研磨的轴瓦。

用酒精和抹布将轴领擦洗干净，将轴瓦表面均匀地抹一层红丹抱在轴领上，反复研磨几次，再把瓦提出来，刮去高点，反复进行直至合格为止。

合格的标准是：轴瓦的接触面占 90％，每平方厘米内至少有两个点子左右。最后用三角刮刀刮进、出油边。

3. 垫块接触点研刮

垫块均用热处理的方法以提高其碳钢的硬度，它表面呈圆弧形，与抗重螺栓头部的接触点可以通过刮研的方法调整，以保证良好的接触应力和轴瓦间隙的准确性。进行调整时，先间隔的把几块瓦轻轻地顶在轴颈上，用百分表监视，不使主轴发生位移，再用红丹抹在其余垫块表面，轻轻打紧抗重螺栓，再退出来检查垫块表面接触情况，接触面积一般以半径 5mm 为合适。如接触不良，可用细锉或刮刀修刮垫块，直至合格为止。

4. 轴承拆装

如图 7-16 所示，拆轴承时，先把油排净，油位信号器取下，测温引线拆下，轴承密封盖及盘根都拆除，温度计拆下，拆除轴承盖。松开轴瓦抗重螺栓背帽和螺杆，抽出轴瓦妥善地摆在木板上。拔出轴承体9的定位销并做好记号，松开连接螺栓，吊走轴承体。先松开螺栓放下挡油圈，拔出定位销记下标记，松开螺栓吊走油槽。分解冷却器，并对冷却器进行耐压试验。

安装的顺序与拆开刚好相反。先把挡油圈上下组合好，运至轴领位置，找好它与轴领的间隙，然后吊入油槽，使之与挡油圈组装在一起。其余各部件在安装前一定要清洗干净，安装时不得碰动主轴。轴瓦的间隙调整与第三章第七节相同。

（二）水导密封检修

油润滑轴承的止水问题很重要。水封的作用有二：一是当停机时，阻止下游水淹没水轮机室（当吸出高度 H_s 为负值时）；另一个重要作用是阻止水流入油槽发生油水混合事故。

许多水电站都出现过水封漏水严重被迫停机的事故。

低水头机组有的采用图7-19所示的带空气围带和端面自调整水封装置。

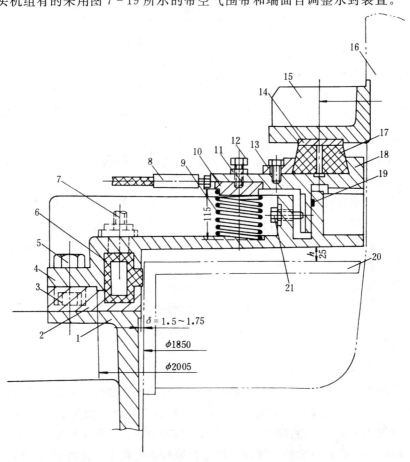

图7-19 空气围带与端面自调整水封（单位：mm）

1—密封座；2—中间环；3—中间环紧固螺钉；4—下密封盘；5—下密封盘紧固螺钉；6—空气围带；
7—空气围带进气管；8—润滑水管；9—弹簧；10—弹簧盖；11—背帽；12—调整螺钉；13—压板；
14—不锈钢抗磨板；15—密封转环；16—主轴；17—尼龙块；18—上密封盖；
19—橡皮圆盘根；20—保护罩；21—导向螺钉

180

对这种水封装置的检修程序如下：

记下转环在轴上的位置后拆下转环，检查不锈钢抗磨板磨损情况。如有毛刺或浅沟，可用油石沿回转方向磨平。如有深沟或严重偏磨或磨损，应车平。拆下压板 13，记下尼龙块 17 的顺序，取出尼龙块并检查表面磨损情况。如需要处理，应将所有尼龙块用压板压好，一齐刨平，然后用锉刀将刨痕锉去，用平台检查尼龙块组合后的表面平整度。修刮后的结果要求达到每平方厘米有一个点子，接触面占 80%。分解上密封盘，检查橡皮圆盘根 19 是否磨损，如磨坏应更换新的。拆去弹簧，除泥去锈，逐个检查压缩弹性，如发生塑性变形应换新的。拆去空气围带进气管路及接头，分解下密封盖，取出围带，检查围带磨损情况。如有局部磨损或磨漏，可以用热补方法进行处理。拔下定位销，分解中间环。将所有部件清洗干净后进行安装。

安装顺序与拆卸相反。这里要注意的是先预装空气围带于下密封盖和中间环中，进行打压试验（0.6～1.0MPa 的气压），检查围带和各气接头是否漏气。安装中间环时，注意检查它与保护罩的间隙是否符合图纸要求。安装下密封盖之前，先检查一下它与保护罩之间的距离是否符合图纸要求。安装上密封盖时，通过调整螺钉 12 调好弹簧的压紧高度，以保证上密封盖的水平，调好后用背帽 11 锁紧。

四、钢管、蜗壳、尾水管检修

在钢管、蜗壳和尾水管内工作要有足够的照明。所有的电气设备应按"在金属容器内工作"的安全条件要求，应绝对保证绝缘安全可靠。当需要登高作业时，应搭设可靠的脚手架和工作平台。

下面分别介绍如下：

1. 钢管、蜗壳检修

（1）钢管锈蚀检查处理：一般每次大修中，压力钢管除锈的工作量是很大的。用刨锤、抢子等工具刨铲钢管内表面，检查锈蚀的深度、锈蚀面积及防锈漆变质程度。若锈蚀严重，特别是明管段应先除锈，然后涂上防锈漆。

（2）钢管进入孔检查：一般进人孔均开在向下斜 45°处，人孔门向里开，如图 7-20 所示。检修时要搭牢固的平台。拆开时先松开螺帽，取下横梁，将人孔门向里推。把人孔门槽清扫干净，检查盘根是否损坏。安装时，将两面涂铅油的盘根摆正，用吊具吊住人孔门放入人孔门槽内摆正（不要碰动盘根），架上横梁，拧紧螺帽。

（3）蜗壳检查：蜗壳大都为钢板卷焊件。每次大修时，打开进人门，进入内部，用刨锤和抢子检查锈蚀情况。如锈蚀严重，应除锈涂漆。人孔检查与钢管人孔检查相差无几。

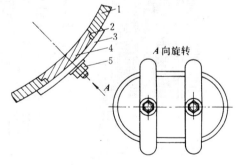

图 7-20 钢管人孔
1—钢管；2—橡皮盘根；3—横梁；
4—人孔门；5—螺帽

2. 尾水管检修

尾水管检查项目有三：尾水管里衬、进人孔、排水管水笼头。

一般机组如吸出高度选择适当，安装质量合格，则尾水管里衬发生空腔气蚀不很严重，可参照转轮叶片补焊方法用堆 277 等焊条补焊即可。

排水管水笼头是指检修排水泵的吸水管进口处的水笼头。当水位低到规定值时，可穿上防水衣下去检修吸水笼头的栅网是否腐蚀损坏，若有破坏应修补或更换。

第三节　发电机主要零部件的修复

一、转子检修

悬式机组扩大性大修时，转子检修的项目主要有：发电机空气间隙的测量、转子起吊前的准备工作和吊出、转子测圆、磁极的拆装、磁极键打紧和转子吊入等。这里只介绍磁极拆装和转子各部件检查。

1. 磁极拆装

为了处理转子圆度或更换磁极线圈绝缘等工作项目，要进行磁极拔出和挂装工作。

（1）磁极拔出：如果拔出磁极工作是在发电机坑内进行时，应事先将磁极上端的发电机盖板、上部挡风板、支持角钢、上部消火水管等部件拆除，还要把磁极下方有碍于拔磁极的部件（如下部挡风板等）拆除，再把上、下风扇和"T"型槽盖板拆去，铲开磁极键头部的焊点，松开阻尼环接头和线圈接头。在拔磁极时应注意：

1）为拔键省力，在吊出前 20～30min，从磁极键上端倒入煤油，以浸润两键结合面间的铅油；

2）在磁极下端用千斤顶或木块将磁极顶住，如图 7 - 21 所示；

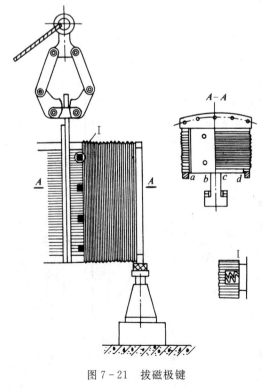

3）用桥机主钩慢慢将大头朝上的键向上吊起。当把大头键拔出一段后，用卡子把两键一起卡住吊出，用布条编号，妥善保管；

4）把该磁极的两对键拔出后，在磁极线圈上、下部罩上半圆柱形的防护罩，系上钢丝绳，将磁极缓慢吊出，平放在软木上；

5）取出磁极弹簧，查好数目，加以保管。

（2）磁极挂装：大修中的磁极挂装与安装中转子装配时的磁极挂装基本相同，这里不再重述。

（3）对磁极凹入或凸出的处理：磁极挂装后进行转子测圆时，发现有个别的磁极凸出或凹入，其处理部位见图 7 - 21A - A 剖视中的 ab 与 cd 处。如磁极凸出，将磁轭在 ab、cd 处磨去一些；如磁极凹入，可在磁极与磁轭接触面 ab、cd 处加垫后重新

图 7 - 21　拔磁极键

挂装，直至圆度合格为止。

2. 转子各部检查

由于机组频繁地起动（特别是调峰机组），使转子与主轴承受交变脉冲力的低频冲击。时间长了，会使螺栓松动、焊缝开焊、磁轭下沉等。检修转子时应注意上述各项并做好处理。

（1）焊缝检查：大修中对转动部件的各焊缝，应进行全面检查，对于开焊的地方要用炭弧气刨吹去，开成 V 型坡口，用电热加温至 90℃左右，进行堆焊。焊好后把焊渣清理干净。

（2）螺栓检查：对于轮毂与轮臂的连接螺栓、磁轭穿心螺栓等都要用小锤敲击，检查是否松动，如有松动的，应用大锤打紧，然后点焊固定。

拧紧磁轭的穿心螺栓时，应检查螺栓下端头不得伸出制动闸板。制动闸板的接头按旋转方向，后一块不得高于前一块。

二、定子检修

大修时对定子的检查项目有：检查定位筋是否松动，定位筋与托板、托板与机座环板结合处有无开焊现象，通风铁芯衬条、铁芯是否松动，压紧螺栓应力值是否达到 120MPa等等。

如果发现定位筋松动或移位应立即恢复原位补焊固定。若发现铁芯松动或进行更换某种零件时，必须重新对压紧螺栓应力进行检查。

1. 压紧螺栓应力测定

采用应变片和应变仪对压紧螺栓的应力进行测定。其方法是在压紧螺栓上，贴上应变片并用导线引至应变仪。按应力与应变成正比的关系即

$$\sigma = E\varepsilon \qquad\qquad (7-5)$$

式中　　σ——应力，MPa；

　　　　E——材料弹性模数，$E = 2.1 \times 10^5$，MPa；

　　　　ε——应变量。

当 $[\sigma] = 120$MPa 时，ε 可事先算得。于是，当拧紧螺帽时，一边检查 ε 值，一边注意使用扳手的长度和用力的大小。当 ε 合格时，记下扳手长度和用力大小，以后每个螺帽均以这个力矩拧紧便可。

2. 冷态振动处理

有的机组由于定子铁芯合缝不严或铁芯松动，当起动至空载、励磁投入后，在交变磁场的作用下，可能产生振动。这种振动的轴向分量极小，而沿着径向和切向的分量却很大。其振幅随温度的变化而变化。如机组在室温 30℃ 时起动，切向振动双幅值为0.11mm，人站在发电机盖板上或发电机附近的地板上有发麻的感觉。随着带负荷引起线圈温度上升，铁芯温度也上升，升至 60℃ 时双向振幅骤降到 0.01mm。这种现象与合缝间隙的变化规律相一致。因此，称这种现象为冷态振动。

为消除冷态振动，要在铁芯合缝处加垫，消除间隙，减少振动（铁芯在现场叠片的定子，不存在这个问题）。

加垫步骤：

如图 7-22 所示，首先检查 1～6 条缝的合缝间隙，只处理不合格的合缝。

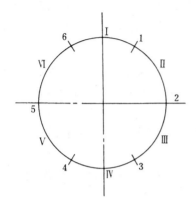

图 7-22　定子合缝检查、
处理示意图

假若 6 条缝均不合格，则用下面的步骤进行处理。

（1）松开分瓣Ⅱ、Ⅲ、Ⅳ的基础螺栓，松开合缝 1、4 的组合螺栓，将Ⅱ、Ⅲ、Ⅳ三瓣整体按与 1、4 合缝的垂直方向往外移，在 1、4 合缝处加垫（青壳纸、毛毡、环氧涤纶毡等）。再将Ⅱ、Ⅲ、Ⅳ瓣整体通过合缝 1、4 与另一半组合起来，拧紧Ⅲ、Ⅳ的基础螺栓。

（2）松开分瓣Ⅰ、Ⅵ的基础螺栓和合缝 2、5 的组合螺栓，将Ⅰ、Ⅱ、Ⅳ三瓣整体按与 2、5 合缝的垂直方向外移，在合缝 2、5 处加垫，然后拧紧 2、5 合缝的组合螺栓和Ⅵ的基础螺栓。

（3）松开合缝 3.6 的组合螺栓和Ⅲ的基础螺栓，将Ⅰ、Ⅱ、Ⅲ三瓣整体按与 3、6 合缝的垂直方向外移，在合缝 3、6 处加垫后，再拧紧 3、6 的组合螺栓和瓣Ⅰ、Ⅱ、Ⅲ的基础螺栓。

（4）定子合缝板间隙过大时，亦应同时加金属垫处理之，每个合缝加垫的层数不宜超过两层。

三、轴承检修

发电机轴承的检修工艺与轴承的安装工艺无太大差异，这里只介绍推力头的拔出和推力瓦的挂瓦等工艺。

1. 推力头拆卸

推力头和主轴一般采用过渡配合，其间隙为 0～0.08mm。由于配合公差甚小，为了在拔出时不蹩劲，使主轴处于垂直状态是很必要的。这就要求各风闸闸瓦的顶面在同一水平面上。

（1）将风闸的各闸瓦调至同一水平：为了测得各风闸闸瓦的高差，首先给风，使各闸瓦紧贴在制动环上。对于用凸环（锁定板）锁定的风闸（见图 7-23），测出凸环顶面与托板底面之间的距离 e 值后排风。由于闸瓦摩擦损失程度不同，使得各闸瓦高度不一致（即各闸瓦的 e 值不相同）。为了使转子顶起同一高度，采用在闸瓦上加垫的方法处理，每块闸瓦上的加垫厚度为

$$H = B - e \qquad (7-6)$$

式中　　H——加垫厚度，mm；

　　　　B——转子预定上升高度，mm；

　　　　e——凸环顶面与托板底面间的距离，mm。

根据计算出的 H 值在各相应的闸瓦顶面加垫使之水平。

起动油泵，顶起转子，几个人同时把凸环搬至锁定位置，然后排油，使转子落在制动闸上。此时转子升至同一高度 B，

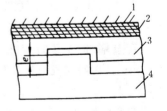

图 7-23　测各闸瓦高差
1—制动环；2—闸瓦；
3—托板；4—凸环

推力头已悬空。

对锁定螺母型的制动闸，只要在顶起转子后，将各锁定螺母拧靠在制动闸托板上即可。

（2）取下推力头的卡环：松掉卡环上的螺钉，在卡环合口处插入斜铁，用悬在吊钩上的吊锤把斜铁打入，如图7-24所示。

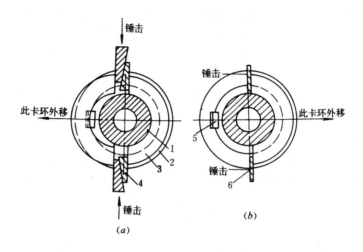

图7-24 推力头卡环拆卸

1—主轴；2—推力头；3—卡环；4—斜铁；5—键；6—铝垫

将一卡环用斜铁打出，吊走。剩下一个卡环，垫上铝垫用吊锤打出，然后吊走。

（3）拔出推力头：由于推力头与主轴是过渡配合，头一、二次拔推力头时，要用下面的方法：

拆下推力头与镜板的连接螺钉，用钢丝绳将推力头挂在主钩上，并稍稍拉紧。起动油泵，顶起转子，在互成90°方位的推力头和镜板之间加上4个铝垫，排油落下转子。这样，主轴随转子下降，推力头被垫卡住，拔出一段距离。反复进行几次，每次加垫厚度控制在6~10mm之内，渐渐拔出推力头，直至能用主钩吊出为止。

当拔过几次之后，推力头与主轴配合变松，就可以用吊车直接将推力头拔出。

2. 推力瓦挂瓦

许多水电站发生过烧瓦现象或合金瓦与钢环脱壳等缺陷。轻微者，可用熔焊方法处理。严重者，需要重新挂瓦。

挂瓦的方法与导轴瓦挂瓦的方法相同，只是在挂瓦平台上放一个浇推力瓦的胎具，按浇导轴瓦的方法进行浇锡基合金即可。浇推力瓦的胎具，如图7-25所示。

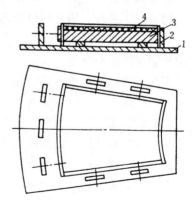

图7-25 推力瓦浇铸锡基合金

1—胎具；2—石棉；3—瓦坯；

4—锡基合金

第四节　水轮发电机组经常出现的故障和处理方法

一、水轮机与附属设备在运行中的故障

水轮机和附属设备在运行中的故障是多种多样的，主要表现在以下几方面：

（1）当导水机构全关闭后，机组长时间不能降低到允许对机组施加制动的转速。

发生这种故障的原因有：导水机构立面与端面密封严重损坏；导水机构的安全设备（剪断销、脆性连杆等）因导叶间有异物卡死而破坏。这些原因均使导叶不能完全切断水流。

应当切换为手动调节或开度限制，根据技术安全操作规程，更换导叶的安全设备，以消除产生故障的后一种原因。对于前一种原因引起的故障，由于故障状态是渐近恶化的，应提早安排修理。

（2）机组转速超过正常值的 40％～50％，此时转速继电器拒绝动作。

这种由调速器的不正常工作引起的转速升高，可能发生在转速继电器的调整阶段或水轮机甩负荷时。

应当调整调速器，以消除转速过高的故障。

（3）转速继电器拒不动作，也不给闸门下落和水轮机主阀关闭发出脉冲。

必须设法使机组转速恢复到额定转速，然后停机检查转速继电器和调速器，在查明故障原因之后，予以消除。

（4）水轮机在带负荷运行时，发生了由于转速继电器误动作，油压装置压力油罐的压力下降或压力继电器的误动作等原因，而向闸门下降和主阀关闭发出脉冲。

必须检查转速继电器、压力油罐及压力继电器，以便查明故障原因，并予以消除。

（5）并列运行的机组，在原来的导叶工作开度下，出力下降；单个独立运行的机组，导叶开度不变时，转速下降。

这两种情况均是由于拦污栅通道被杂物堵塞而引起的。

应当测量拦污栅前、后的压力降，发现拦污栅已被堵塞，应及时加以消除。最好在不停机的情况下进行，用专门的清污设备清扫拦污栅。

（6）水轮机在开机时，它在空载额定转速下所对应的导叶开度，大于安装后第一次运行时所记录的空载开度。

发生这种情况的原因是：拦污栅被木材、冰块等异物堵塞，闸门或主阀未全开启；转叶式水轮机转轮叶片的启动角度不正确等。

检查拦污栅的堵塞情况，设法清扫；检查闸门与主阀的全开位置，使其全开；根据指示仪表，调整转轮叶片的启动角度。

（7）转叶式水轮机转轮叶片密封不良，引起调速系统大量漏油。

应当检查叶片密封的情况，如橡胶盘根是否老化、撕裂，密封弹簧的弹性是否足够等。

（8）巴氏合金油轴承温度过高。

产生的原因有：油泄漏太多；油泵或毕托管工作不正常；水浸入轴承的油室；油冷却

器水源中断等。

为了准确确定轴承过热的原因，必须在运行过程中持续地进行观察，投入备用油泵，或增加油室的充油量，当油温上升到极限的安全值时，应立即停机处理。

水润滑的导轴承排水管中水温过高，则是由润滑水流量过小引起的。应当检查示流继电器的工作情况，切换备用水源。

（9）水轮机顶盖被水淹没。

发生的原因是：顶盖排水系统工作不正常和水轮机顶盖损坏。

必须检查顶盖排水的监视系统是否正常，切换手动起动水泵；改变水轮机的运行工况，以便使转轮上部的水压接近零值。

如果顶盖漏水严重，用上述方法不能消除故障时，则应停机处理。

（10）水轮机甩负荷时，真空破坏阀不动作，空气不能进入转轮区域。

产生的原因，可能是真空破坏阀的机械部分破坏或操作杆卡死。

应当检查真空破坏阀机械部分的相互联系。对于被动式的真空破坏阀，尚需检查阀与控制环或接力器推拉杆间的机械联系。

（11）在启动时，机组主轴在水轮机导轴承处的摆度不超过标准值，随着推力轴承温度的升高，主轴摆度增大，当温度为 60～70℃时，摆度值可能增大 5～10 倍。

发生这种故障的原因，主要是因为油温升高引起推力轴承热变形的结果。

应当停机调整推力轴承。

（12）压力表指示不正常。主要原因是压力表测量管路中有空气或压力表损坏。

前者应当排除空气；后者则应更换压力表。

二、水轮发电机在运行中的故障

（1）当推力轴承的油温和轴瓦体温超过规定值 2～3℃时，应当检查冷却系统，并取油的试样化验；如果温度持续上升，应当停机，打开推力轴承，确定故障原因，并设法消除。

（2）发电机导轴承温度过高。可能是因为安装导轴承时，与其他环形件不同轴所造成的；也可能是由于轴领的表面状态不佳引起的；又可能是由于润滑不充分和油污染造成的。

应当停机，打开导轴承，观察轴领的表面状态，测量间隙，检查润滑油质。如果是不同轴所致，应当重新调整导轴瓦的间隙；如果是第二种原因，应当改善轴领的表面状态；若是第三种原因所造成的，应当改善润滑条件或更换新油。

（3）从油室取出的油试样中发现有水。这可能是由于冷却器的蛇形管破坏或管路连接处密封不良引起的。

应当停机检修。

（4）在发电机区域出现敲击声、振动和噪声。这可能是定子外壳连接件破坏，也许是转子或定子铁芯连接件损坏。

如果这些现象突然出现，必须立即停机检查，查明原因，消除故障。

上面介绍的机组在运行中经常出现的故障及处理方法，仅仅是个梗概。不同机组在运行中所出现的故障，应作具体分析，制定正确的处理方案，不能生搬硬套。

总之，要提高水轮发电机组运行的可靠性，避免或者减少故障，需要不断地提高安全运行技术水平。机组的检修工作必须坚持以预防为主，早期杜绝设备故障的发生。因此，定期检查是很重要、很关键的。进行预防性的保养和维修工作，要对水轮机、发电机、励磁机、调速器以及相应的辅助设备，进行定期的试验和检查，提前找出故障原因，予以消除。在定期检查中，通过正确的技术判断，进行必须的保养、修理、更换，甚至于进行改进性的大修，这是提高水电站机组运行可靠性的办法之一，而且已成为机组安全运行所不可忽视的一项工作。

复 习 思 考 题

1. 计划检修的类别与间隔。

2. 熟悉水轮机、水轮发电机大修参考项目表。

3. 怎样进行转轮气蚀区的补焊工作？

4. 怎样进行叶片裂纹的焊接工作？

5. 怎样进行叶片开口度的测量与整型？

6. 怎样进行水轮机主轴轴颈偏磨值的测量和轴颈磨偏后的处理工作？

7. 如何进行导叶漏水量的测量？

8. 怎样进行导叶磨损和气蚀部位的处理？

9. 导叶尼龙轴套抱轴现象的处理方法。

10. 怎样进行导叶轴颈的磨损处理？

11. 什么情况下需要重新挂瓦？怎样进行导轴承分块瓦的挂瓦工作？

12. 瓦面在什么情况下需要采取熔焊？怎样进行巴氏合金瓦的熔焊工作？

13. 怎样拔出转子磁极？

14. 发电机的转子磁极有个别凹入或凸出时，怎么处理？

15. 定子发生冷态振动的原因及处理方法？

16. 检修时怎样拔出推力头？

17. 水轮机与附属设备在运动中常出现哪些故障？什么原因？怎么处理？

18. 水轮发电机在运行中常出现哪些故障？什么原因？怎么处理？